鯨類の骨学

Osteology of Whales

植草康浩・一島啓人・伊藤春香・植田啓一

緑書房

序文

　私は若い頃からイルカやクジラ(鯨類)に強い興味を持ち、ヒトの医者をしながら鯨類学の世界へ入ってきた。しかしその道のりは平坦なものではなかった。本書が対象としている分野において、標準となる教科書や系統だった教育がどこにも存在しなかったからである。読者のなかにも、同じような困難に直面し、藁にもすがる思いで本書を手にとった方がいらっしゃるかもしれない。勉強を進めてやっとこの世界のことが少しわかりはじめてきたころ、そのような方々のために、たとえ藁であっても道しるべを残したいと思うようになった。

　一昨年末、畏友であり、私を導いてくれた師でもある鯨類解剖学者の伊藤春香氏にこの話をしたところ、水産学から鯨類学の世界へ入ってきた彼女も同じ思いを抱いていることを知り、これを形にすることに決めた。そして、鯨類古生物学者の一島啓人氏、水族館獣医師の植田啓一氏にも加わってもらい、本書の執筆を開始した。我々はみな、それぞれの立場で同じような苦労を長くしてきた仲間である。

　内容を「解剖学」ではなく「骨学」としたのは、さまざまな研究分野・診療の基礎として骨学を学ぶことの重要性を、我々が肌で感じてきたからである。解剖学の基本は骨学であり、化石鯨類や現生鯨類の形態を学習あるいは研究する際にまず手にしやすく、目にしやすいものは骨である。獣医学においても画像診断技術が進歩しているが、その基本は単純X線検査である。とはいえ本書をみていただければ、骨学以外のことにも言及しているのがわかるだろう。我々はそれぞれ医学・歯学、水産学、地質古生物学、獣医学をバックボーンとしており、内容はこれらの分野にもまたがっている。系統だった情報源があまりないことから、その点はあえて限定しなかった。たとえばX線やCTによる画像解剖は水族館獣医師の日常診療に役立ち、発声メカニズムの項は鯨類の音響学をめざす方々の指針となるだろう。このような試みはおそらく初で類書もないと思われる。そのため章立てを考えるにも参考にできるものがなく難儀したが、そのぶんやりがいのある作業となった。

　初学者でも理解しやすいよう、構成には配慮した。本書の核となる第1章、第2章では、標本の傍らに本書を置いて、両者を見比べながら構造や名称を調べられるよう、また標本がなくても理解を助けられるようなるべく大きく図を配置し各部の名称を詳細に記載した。名称には、英論文を参照する際に役立つよう最低限の英語とラテン語を併記している。また、ページを行きつ戻りつする手間を省けるよう、できるかぎりひとつの見開きでひとつのテーマが完結するようにした。

　なお本書では、各執筆者の分担を明示していない。全員がすべての原稿に目をとおし、手を入れ、議論しあうことで執筆を進めたからである。内容についての責任は、全員が等しく負っている。

　執筆にあたっては、多くの方々にご協力をいただいた。足寄動物化石博物館の澤村 寛館長と鶴見大学の小寺春人講師は、草稿を通読のうえ貴重な意見をくださった。足寄動物化石博物館の新村龍也氏には巻頭イラストを描いていただいた。名古屋港水族館の日登弘館長、富山大学の佐野晋一教授、愛知県立加茂丘高等学校の大谷誠司博士、沖縄美ら海水族館の柳澤牧央獣医師、鶴見大学の小寺 稜助手には資料の閲覧、提供などで特別にご尽力いただいた。そのほかにも我々を導き、応援してくださった方々は枚挙にいとまがなく、いくら感謝してもしきれない。縁に恵まれた我々は幸せ者である。

　最後に、我々のわがままにも付き合いながら編集に取り組んでくれた緑書房の名古孟大氏、出川藍子氏に深謝する。本書にはお二人の意見も反映されている。

　イルカやクジラはかわいく、美しい動物である。本書がこの魅力的な動物にかかわる方々の役に立ち、思いを共有することができれば幸いである。

2018年12月
著者を代表して　植草康浩

著者プロフィール

植草　康浩（うえくさ　やすひろ）

千葉大学大学院医学研究院博士課程修了、大阪大学大学院歯学研究科博士課程修了。博士（医学）、博士（歯学）。医師、歯科医師。日本耳鼻咽喉科学会認定専門医。医療法人社団千秋双葉会理事、国立国際医療研究センター病院耳鼻咽喉科非常勤医師、鶴見大学歯学部非常勤講師。耳鼻咽喉科診療に携わるかたわら、鯨類解剖学の研究に従事。また、沖縄美ら海水族館をはじめとする各水族館とともにイルカの新規治療法の開発に取り組んでいる。

一島　啓人（いちしま　ひろと）

オタゴ大学大学院地質学研究科博士課程修了。Ph.D. 福井県立恐竜博物館総括研究員。専門は海生哺乳類（とくに鯨類）の古生物学。化石を主な研究対象とし、形態（骨学）を軸にハクジラとヒゲクジラの進化を扱う。ネズミイルカ類の研究を通して、哺乳類ではまれな進化様式である「プロジェネシス型幼形進化」仮説を提唱。主な著書に『イルカ・クジラ学〜イルカとクジラの謎に挑む〜』、『鯨類学』（いずれも分担執筆、東海大学出版会）がある。

伊藤　春香（いとう　はるか）

東京大学大学院農学生命科学研究科博士後期課程修了。博士（農学）。国立研究開発法人水産研究・教育機構中央水産研究所支援研究員。専門は鯨類肉眼解剖学。

植田　啓一（うえだ　けいいち）

酪農学園大学酪農学部獣医学科卒業。博士（獣医学）。獣医師。一般財団法人沖縄美ら島財団総合研究センター動物研究室長、上席研究員。専門は小型歯鯨類の臨床獣医学。イルカの人工尾鰭を世界で初めて開発。

イロワケイルカ　*Cephalorhynchus commersonii*

鯨類の骨学
目次

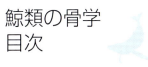

- 序文 ……………………………………………………… 3
- 著者プロフィール ……………………………………… 4
- クジラの外部形態 ……………………………………… 7
- 本書で扱う代表的な鯨種の外部形態 ………………… 8

序章　総論

- クジラの分類 ………………………………………… 10
- 方向を表す用語 ……………………………………… 12
- 骨の名称 ……………………………………………… 13
- 頭の骨の定義の多様性 ……………………………… 13
- 骨格 …………………………………………………… 14
  - 1．頭の骨と体幹の骨 …………………………… 14
  - 2．前肢骨 ………………………………………… 14
  - 3．後肢骨 ………………………………………… 14
- 頭の骨の空間 ………………………………………… 16
  - 1．頭蓋腔 ………………………………………… 16
  - 2．鼻腔 …………………………………………… 16
  - 3．口腔 …………………………………………… 16
- 骨の肉眼的構造 ……………………………………… 18
- クジラの骨の特徴 …………………………………… 18
- 骨の組織構造 ………………………………………… 19
- 骨膜と骨内膜 ………………………………………… 20
- 関節 …………………………………………………… 20
  - 1．線維性の連結 ………………………………… 20
  - 2．軟骨性の連結 ………………………………… 20
  - 3．滑膜性の連結 ………………………………… 20
  - 4．狭義の関節（滑膜性の連結）の分類 ……… 21

第1章　頭の骨

- はじめに ……………………………………………… 30
- 頭の骨 ………………………………………………… 30
  - 1．共通の特徴 …………………………………… 30
  - 2．ハクジラの特徴 ……………………………… 32
  - 3．ヒゲクジラの特徴 …………………………… 34
- 頭蓋底 ………………………………………………… 36
- 外頭蓋底 ……………………………………………… 36
  - 1．外頭蓋底の定義 ……………………………… 36

- 2．basicranium ………………………………… 36
- クジラの外頭蓋底 …………………………………… 38
- 耳の骨 ………………………………………………… 40
- 耳周骨 ………………………………………………… 42
- 鼓室胞 ………………………………………………… 44
  - 1．ハクジラ ……………………………………… 44
  - 2．ヒゲクジラ …………………………………… 44
- 舌骨 …………………………………………………… 46
- 吻の骨 ………………………………………………… 48
  - 1．ハクジラ ……………………………………… 48
  - 2．ヒゲクジラ …………………………………… 50
- 脳函を構成する骨 …………………………………… 52
  - 1．ハクジラ ……………………………………… 52
  - 2．ヒゲクジラ …………………………………… 54
- 篩骨 …………………………………………………… 56
  - 1．ハクジラ ……………………………………… 56
  - 2．ヒゲクジラ …………………………………… 58
- 蝶形骨 ………………………………………………… 60
  - 1．ハクジラ ……………………………………… 60
  - 2．ヒゲクジラ …………………………………… 61
- 頬骨と涙骨 …………………………………………… 62
  - 1．ハクジラ ……………………………………… 62
  - 2．ヒゲクジラ …………………………………… 63
- 下顎骨 ………………………………………………… 64
  - 1．ハクジラ ……………………………………… 64
  - 2．ヒゲクジラ …………………………………… 64
- 歯 ……………………………………………………… 66
- ヒゲ板 ………………………………………………… 68
- 種による違い ………………………………………… 70
  - 1．コマッコウ科 ………………………………… 70
  - 2．アカボウクジラ科 …………………………… 72

第2章　体幹の骨

- 椎骨と脊柱 …………………………………………… 76
  - 1．椎骨の数 ……………………………………… 76
  - 2．椎骨の形態 …………………………………… 78
  - 3．頸椎 …………………………………………… 78
  - 4．胸椎 …………………………………………… 82

5．腰椎 …………………………………… 82
　　6．尾椎 …………………………………… 82
　　7．脊柱の運動性と連絡 ………………… 82
　　8．陸棲動物との比較 …………………… 82
胸郭 …………………………………………… 84
　　1．胸郭を構成する骨 …………………… 84
　　2．呼吸への関与 ………………………… 84
　　3．肋骨と肋間骨 ………………………… 84
　　4．胸骨 …………………………………… 87
前肢骨 ………………………………………… 88
　　1．肩甲骨 ………………………………… 88
　　2．上腕骨・橈骨・尺骨ほか …………… 90
後肢骨 ………………………………………… 92

第3章　進化

はじめに ……………………………………… 96
クジラの歴史 ………………………………… 96
原始クジラ …………………………………… 96
　　1．パキケタス科 ………………………… 97
　　2．プロトケタス科 ……………………… 97
　　3．バシロサウルス科 …………………… 97
ハクジラとヒゲクジラ ……………………… 98
　　1．ハクジラの進化 ……………………… 99
　　2．ヒゲクジラの進化 …………………… 99
原始クジラと現生クジラをつなぐ ………… 100

第4章　ハクジラの発声メカニズムに関する解剖学的特徴

はじめに ……………………………………… 104
発声メカニズム仮説 ………………………… 104
鼻嚢 …………………………………………… 107
鼻部の筋のはたらき ………………………… 107
左右非相称性 ………………………………… 109
神経支配について …………………………… 109
音の受信 ……………………………………… 110

第5章　骨標本作製法

はじめに ……………………………………… 114

長期間放置法 ………………………………… 114
　　1．大気中放置法 ………………………… 114
　　2．土中放置法 …………………………… 114
　　3．水中放置法 …………………………… 115
加熱法 ………………………………………… 116
薬品使用法（酵素法） ……………………… 116
生物使用法（カツオブシムシ法） ………… 116
固定標本から骨標本を作製する方法 ……… 118

付録1　骨の計測

はじめに ……………………………………… 120
骨の測定の問題点 …………………………… 120
マイルカ科の主な基準点 …………………… 121
　　1．頭の骨 ………………………………… 121
　　2．体幹の骨 ……………………………… 121
　　3．前肢骨・後肢骨 ……………………… 124
ヒゲクジラの主な基準点 …………………… 126
　　1．頭の骨 ………………………………… 126
　　2．体幹の骨 ……………………………… 126
　　3．前肢骨・後肢骨 ……………………… 126
沖縄美ら島財団での
アカボウクジラ科の測定基準 ……………… 128
沖縄美ら島財団での
コマッコウ科の測定基準 …………………… 130

付録2　画像検査

はじめに ……………………………………… 132
X線検査 ……………………………………… 132
　　1．X線検査の難点 ……………………… 132
　　2．手技 …………………………………… 132
コンピュータ断層撮影 ……………………… 138
超音波検査 …………………………………… 143
内視鏡検査 …………………………………… 144
　　1．器具 …………………………………… 144
　　2．手技 …………………………………… 144
その他の検査 ………………………………… 146

索引 …………………………………………… 147

クジラの外部形態

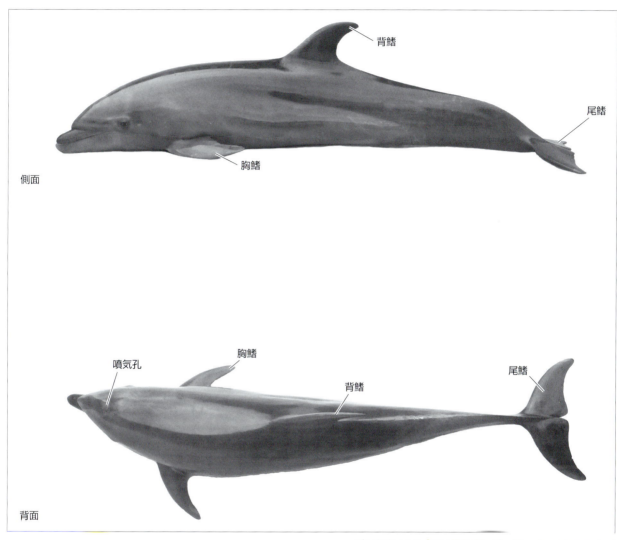

バンドウイルカ（ハンドウイルカ）　*Tursiops truncatusi*
全長 1.9〜3.8 m

参考文献：Jefferson TA, Stephan L, Webber MA. FAO Spiecies Identification Guide, Marine Mammals of the World. FAO, 1993.
※本書では和名として、主としてハンドウイルカではなくバンドウイルカを用いる。

本書で扱う代表的な鯨種の外部形態

ミンククジラ　*Balaenoptera acutorostrata*
全長：9 m

イシイルカ　*Phocoena dalli*
全長：雄 2.4 m、雌 2.2 m

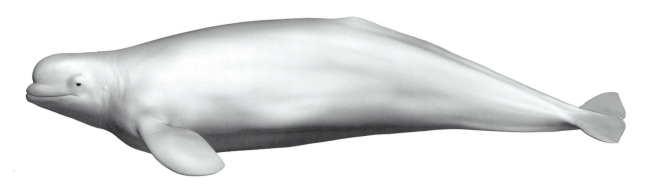

シロイルカ　*Delphinapterus leucas*
全長：雄 5.5 m、雌 4.1 m

マイルカ　*Delphinus delphis*
全長：雄 2.6 m、雌 2.3 m

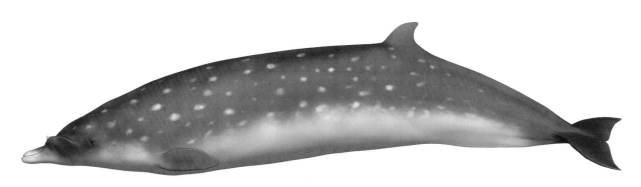

コブハクジラ　*Mesoplodon densirostris*
全長：4.7 m

コマッコウ　*Kogia breviceps*
全長：2.7〜3.4 m

Ⓒ 新村龍也・足寄動物化石博物館

参考文献：Jefferson TA, Stephan L, Webber MA. FAO Species Identification Guide, Marine Mammals of the World. FAO. 1993.

序章

総論

クジラの分類

クジラ(鯨類)は一見魚のような形状をしているが、哺乳綱に属している。それは頸椎が7つあること(図1)、体毛(感覚毛)があること(図2)や胎盤があること、新生仔を母乳で育てること、心臓が二心房二心室であること、肺呼吸であること、下顎骨が歯骨のみからなっていること、耳小骨が3つあることなどからも明らかである(ちなみに魚と違って尾鰭は垂直ではなく水平であり、中に骨はない)。そのため、魚のような外観は収斂(コラム①参照)の結果であると解釈されている。哺乳綱は目レベルでは30近くに分けられ、そのなかのひとつに**クジラ目 Cetacea** がある。同じ目レベルの哺乳綱の分類群としては、霊長目 Primates、齧歯目 Rodentia、食肉目 Carnivora、奇蹄目 Perissodactyla などがあり、「クジラ」はそのような哺乳綱の1グループとして認識される。

遺伝子などの生体分子の構造が明らかにされるにつれ、それを動物の系統関係の推定に応用する研究がさかんになってきた。それによるとクジラは偶蹄目 Artiodactyla と近縁(というよりも、偶蹄目の一種)であるという。つまり、クジラは水中に住む一風変わった偶蹄目という位置づけがなされている(図3)。そのため、昨今では偶蹄目とクジラの系統上の近さを名前でも表そうと、「鯨偶蹄目 Cetartiodactyla」という分類名が使われることもある。ただ、クジラを偶蹄目の一分枝と考えると、独自の目レベルのグループから偶蹄目のサブグループへいわば格下げされる扱いになるため、目の名称にクジラの名をとどめおく合理的理由はないように思える。偶蹄目のなかには以前からサブグループがいくつか認められており、それらを差し置いて"新参者"のクジラが目の名称に組み入れられるのは公平ではない。本書では伝統的な分類単位の「クジラ目」を使用し、分類的な位置づけもクジラと偶蹄目

図1 クジラの頸椎
クジラの頸椎も大部分の哺乳類と同様7つある。ただし前後に薄くなっており、いくつかが癒合して塊状になるものもある。

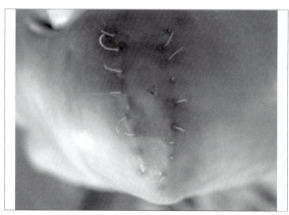

図2 クロミンククジラの胎仔の体毛
クジラの体表には部分的に毛が生えている。ただし、密度からみても体温保持とは関係なく、感覚毛として役立っている。

を対置させる立場をとり、鯨偶蹄目の名称を用いない。これは系統の近縁関係に関する是非の表明や偶蹄目のほかのサブグループ名の取扱上の均衡の観点とは関係がなく、あくまで名称の表記の煩雑さを避けることに主眼を置いた判断であるとご理解いただきたい。クジラを偶蹄目のなかに位置づけた場合、クジラ以外の偶蹄目に言及するたびに、いちいち"非クジラ型偶蹄目"のように表現するのはいかにも冗長であろうし、分類学上の正確性を期するあまり一般的な認識と乖離してしまい、本書を読み進めるうえで煩雑となる可能性があることに配慮するものである。ゆえに、本書で偶蹄目(あるいは偶蹄類)という場合は、鯨偶蹄目が提唱される以前に広く用いられていた、陸棲の四足有蹄類のみを指すこととする。

さて、現生のクジラはおよそ90種に及び、**ハクジラ Odontoceti** と **ヒゲクジラ Mysticeti** の2つの亜目（目の下位にある階層）に大別することができる（クジラを偶蹄目のなかの一亜目とするならば、この2つは

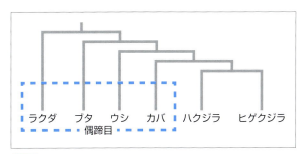

図3 偶蹄目とクジラの類縁関係

さらに下位の「下目」とすればよい）。ハクジラは"歯クジラ"であり、数、形、大きさに差はあるものの、口の中に歯があることを特徴とする（イルカは分類学的にはハクジラ亜目に属するので、「イルカ・クジラ」と並列させると、分類学的に厳密にいえば重複になる）。一方、ヒゲクジラは"髭(もしくは鬚)クジラ"で、成体は歯の代わりに**ヒゲ板 baleen plates** とよばれるケラチンでできた独特の摂食器官が上あごから垂れ下がっている。下あごには機能歯もヒゲ板もない。

コラム①：収斂

ある機能を実現するために、系統的に離れた生き物の全体あるいは一部の外観が似る現象を収斂とよぶ。飛翔するために翼を持つことや効率的な遊泳を実現するための流線型の体形になることなどがそれにあたる。収斂の場合、類似するのは表面上の形態にとどまるため、解剖学的な詳細を吟味すると"他人の空似"であることが明らかになる場合がある。

現生クジラは魚のような体形であるが、骨が示す数々の特徴から哺乳類であることがわかる。前鰭の骨は魚のそれと異なり、近位から遠位に向かって肩甲骨-上腕骨-橈骨・尺骨-手根骨-中手骨-指骨と並び、陸棲哺乳類の前肢と同じ構成になっている。また、痕跡的な腰帯は祖先が後肢を持っていたことを如実に表している。尾鰭も魚類のように垂直ではなく、水平に伸びる構造である。なにより耳小骨が3つあることや頸椎が7つであることが哺乳類であることを証明する。このようなことから、"魚のような"流線型の体形は、遊泳に適するように進化した結果であることがわかる。有袋類と有胎盤類のあいだの見事な類似性（たとえばフクロモモンガとモモンガの対応など）も収斂現象の格好の例となっている。

コラム②：クジラとは何か

「クジラ」とはどのような動物を指すだろうか。これは現生種を対象にしている限りさほど問題にはならない。クジラとよばれる現生の動物に共通する特徴を洗い出してリスト化すれば、おおよそのことは網羅できるからである。しかし、進化を受け入れる立場から祖先動物までをもクジラとよぶことにすると、どこまでを含めるかが問題となる。現生種をクジラたらしめている特徴も、多くは進化とともに少しずつ変化してきたものである。したがってひとくちに祖先動物といっても、現生種とあまり形の変わらないものから似ても似つかないものまでさまざまある。今から5300万年ほど前に生きていたパキケタスは最古のクジラと目される動物だが、現生のクジラとはまったく異なる姿をしている。

それではいったい、どのような構造を有するもの（あるいは有さないもの）までをクジラとすればいいのか。鼻の穴が頭の上にあること？　確かにそれはクジラを特徴づける典型的な形質のひとつに思える。しかしそうだとしたら、現生のクジラとあまり変わらない姿をしていながら鼻の穴が頭の上にない祖先動物は、まだ「クジラ」ではないのだろうか。もちろんそんなことはない。鯨類学ではそのような祖先動物も「クジラ」とよんでいる（「第3章　進化」参照）。「鼻の穴が頭の上にないからクジラではない」のではなく、「昔のクジラは鼻の穴がより鼻先近くにあった」と考えるわけだ。なるほど。いや、それならばそれで、いったいどこまで「違う」ようになれば、その動物は「クジラ」ではなくなるのか……。

何をもって「クジラ」とするか。クジラに対する理解を深めるには避けて通れない問いである。読者も頭の片隅に、この問いを留めておいていただければと思う。

方向を表す用語

身体の左右対称面、すなわち中線を通って背腹の方向に伸びる面を正中断面 median plane、これに並行する面を矢状断面 sagittal plane とよぶ（図4a）。

横断面 transverse plane は頭、体幹あるいは四肢の長軸に対して垂直な面で、背断面 dorsal plane は体部の背面に対して平行な面である（図4b）。

内側 medial、外側 lateral は正中に近いか遠いかを意味する。腔または器官の中心に近い位置が内方 internal、遠い位置が外方 external である。

体幹では口に近いほうを頭側 cranial、尾に近いほうを尾側 caudal という。体幹の背中の側を背側 dorsal、胸腹の側を腹側 ventral という。頭部では前方を吻側 rostral という（図5）。

前肢では橈側 radial および尺側 ulnar が用いられる。後肢では脛側 tibial、腓側 fibular を用いる。体肢で近位、上方 proximal は体幹との付着部に近いほう、遠位、下方 distal はその反対側を示す（図5）。

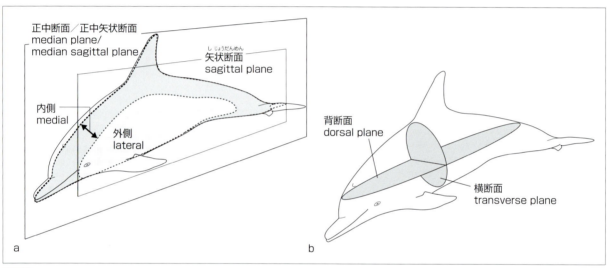

図4 断面の名称
体を左右半分に分割する面を正中断面または正中矢状断面とよぶ。正中断面に平行な面で身体を左右に分ける面を矢状断面とよぶ（a）。頭、体幹（あるいは四肢）の長軸に対して垂直な面を横断面、体部の背面に対して平行な面を背断面とよぶ（b）。正中断面に近い位置を内側とよび、正中断面より遠い位置を外側とよぶ。

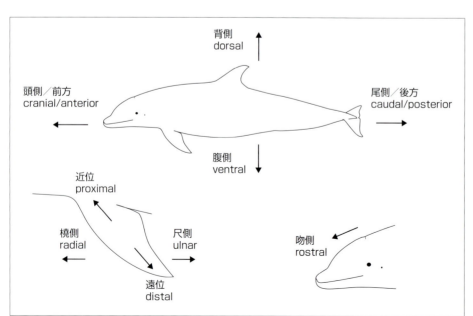

図5 方向を表す用語
頭部・体幹の上部背側、その反対側が腹側となる。顔が向いているほうを頭側あるいは前方、その反対側を尾側または後方とよぶ。頭部では前方を吻側、その反対側を尾側とよぶ場合もある。上肢（胸鰭）では橈骨があるほうを橈側、尺骨があるほうを尺側とよぶ。また付け根に近いほうを近位、遠いほうを遠位とよぶ。

骨の名称

ヒトでは、1895年に解剖学用語の基準となる用語集『Basle Nomina Anatomica』が発表された。この用語集はその後何度か改訂を重ね、1998年にFederative Committee on Anatomical Terminology（FCAT）とInternational Federation of Associations of Anatomists（IFAA）から『Terminologia Anatomica』[4]という名称で最新版が発表されている。日本では日本解剖学会がこれを翻訳し『解剖学用語』[16]として刊行している（執筆時点で改訂13版が発表されている）。本書ではこれらに準じて日本語名と英語名を使用している。本書に登場する用語の日本語、英語、ラテン語の対応を章末の表1に示した。頭の骨については定義・用法に多様性があるため別に述べる。

なお、クジラの骨には特異的な日本語名が慣習として使われてきた例がある。肋間骨、骨盤骨などである。前者については「第2章 体幹の骨」の「胸郭」の項で、後者については同じく「後肢骨」の項で扱っている。

頭の骨の定義の多様性

「頭蓋」や「頭骨」など、頭の骨を指し示す日本語の用語はいくつかあるが、その定義は統一されていない（表2、3）。たとえば、『獣医解剖・組織・発生学用語』（学窓社）[17]は「頭蓋」を神経頭蓋の意味で、「顔」と対をなす用語として用いているが、『新編 家畜比較解剖図説』（養賢堂）[10]や『脊椎動物の進化』（築地書店）[1]、人体解剖の成書の多くは、「頭蓋」を神経頭蓋と内臓頭蓋を併せたものとしている。

『岩波生物学辞典』（岩波書店）[19]には、「頭骨［ossa cranii 英cranial bones］」の項目があり《頭蓋の骨の一般的な総称》とある。そこで「頭蓋」の項をみると、《多数の頭蓋骨（cranial bone）の結合によって構成される》とある。単複の違いはあれど、cranial boneがかたや頭骨、かたや頭蓋骨と訳されている。この場合は、「頭骨」も「頭蓋骨」も「頭蓋を構成する個々の骨」の意味合いで使われていることになろう。『解剖実習の手びき』（南山堂）[15]には、《人類学では頭蓋のことを頭骨と呼んでいるが、これは橈骨と同音になるので解剖学では採用されない》とある。

英語で書かれた文献に視野を広げると、状況はさらに複雑になる。広く参照されるヒトや家畜の解剖学に関する日本語の書籍は、書籍によって含意は異なるものの、skullとcraniumを同義のものとして扱っている。しかし、英語圏ではskullとcraniumは必ずしも同義として扱われていない。同義とされていても、文献によって構成骨が異なる場合がある。たとえば、『脊椎動物のからだ』（法政大学出版局）[8]は頭蓋skullに下顎骨mandibleを含めていない。『An Introduction to the Osteology of the Mammalia』（Macmillan）[5]や『Encyclopedia of Marine Mammals』（Elsevier）[9]は、『脊椎動物のからだ』がskullとよぶものをcraniumとしている。『Miller's Anatomy of the Dog』（Elsevier）[3]はskullとcraniumを同義とし、そのなかに下顎骨と舌骨を含めているが、舌骨を顔面骨から独立させて扱う点が独特である。今やクジラの骨学用語の規準となりつつある『The Therian Skull』（Smithsonian Institution Scholarly Press）[6]は、craniumを神経頭蓋の意味で用いている。

また、神経頭蓋と内臓頭蓋をどのように区分するかについても統一されていない。

『The Therian Skull』[6]はskullの構成骨を個別に取り上げているが、神経頭蓋と内臓頭蓋の区分は明確にしていない。『解剖実習の手びき』[15]には、神経頭蓋と顔面頭蓋の《区分は便宜的なもので、両者の境界を明確に定めることはできない》とあり、頭の骨を頭蓋骨ossa craniiとしてすべて同列扱いする。『分担 解剖学1〜総説・骨学・靱帯学・筋学〜』（金原出版）[18]にも《NA 1980改訂ではすべて頭蓋の骨とし、顔面骨*1の名を廃した》とある。

さらに、「内臓頭蓋」の代わりに「顔面頭蓋」という用語が用いられることもあるが、この用語の定義も不明瞭である。『岩波生物学辞典』[19]の「内臓頭蓋［splanchnocranium 英visceral cranium］」の項には、《顔面頭蓋（facial cranium）とほぼ同義に使われることもあるが、こちらは神経頭蓋の篩骨部・鼻骨・前頭骨を含む。すなわち、顔面頭蓋とは特に哺乳類頭蓋において脳を容れる器としての機能的神経頭蓋に対する語であり、形態学上、発生学上の意義はない》とある。しかし、顔面頭蓋と内臓頭蓋を同義として扱う解剖書において、篩骨と前頭骨を顔面頭蓋に含める例はないと思われる。

---

*1：『分担 解剖学』[18]や『新編 家畜比較解剖図説』[10]によれば、内臓頭蓋と顔面骨は同義である。

このような用語の不統一があるため、頭の骨に関する用語を用いる際には、その都度定義を明確にしないと混乱の一因となる。

　本書では「頭蓋」には下顎骨と舌骨を含めず[*2]、「頭の骨」には下顎骨や舌骨を含むものとする。また、「頭蓋骨」を「頭蓋を構成する個々の骨」という意味で用いる。神経頭蓋と内臓頭蓋の区分を重視せず、したがって用語も参考程度に用いるのみとする。というのは、クジラの場合、頭蓋の変形が著しく、神経頭蓋と内臓頭蓋を区別できるとしてもあまり実用的ではないからである。

骨格

　骨格 skeleton は動物の身体を力学的に支持する構造で、骨はその主要な要素である。さまざまな骨が軟骨や靱帯になどによって連結され、骨格を形成する。また、骨格には多くの筋が付着しており、関節を介して動かされる。すなわち受動的な運動器でもある。ミネラル（主にカルシウム）の備蓄をする機能があり、神経を内部にいれて保護し、一部には造血機能を持つ部分がある。骨格は中軸をなす頭部、体幹、そして体肢（前肢と後肢）からなる（図6）。

1. 頭の骨と体幹の骨

　前後に連なる脊柱 vertebral column の前方に頭の骨があり、胸部では胸郭が腹側に突き出す。用語として体幹の骨 postcranial skeleton に頭の骨 head skeleton を含む場合と含まない場合があるが、本書では頭の骨と体幹の骨を分けて記載する。現生のクジラにおける体幹の骨特徴を挙げておく。脊柱は頸椎、胸椎、腰椎、尾椎に区分される。仙椎はなく、V字骨が尾椎腹側に関節している。頸椎は7個独立しているものから、2～7個が椎弓あるいは椎体の部分で癒合しているものまであり、種差や個体差が認められる。胸椎、腰椎、尾椎は、最後端の1～3個の尾椎を除き、いずれの箇所でも癒合しない。脊柱と後肢を結ぶ骨盤そして後肢自体がないため、椎体同士が癒合して骨盤の背壁を形成する仙骨が必要ないためであろう。脊柱と寛骨も関節していない。

2. 前肢骨

　前肢 forelimb は鰭状で**胸鰭 flipper** とよばれる。クジラには鎖骨がなく、肩甲骨は筋肉によって胸郭の外側に張りついている。肩甲骨関節窩と上腕骨頭がつくる肩関節は球関節で多軸性である。上腕骨と橈骨、尺骨あるいは手根骨、中手骨、指骨における関節はほとんど動かず、回内、回外および肘あるいは指の曲げ伸ばしはできない。遊泳時の舵の役割を持つ。

3. 後肢骨

　後肢 hindlimb は退化しており、外形をみる限り何もない。ほとんどの種では体内に痕跡的な棒状の寛骨（鯨類学では骨盤骨とよばれる）が左右1対ある。ミンククジラには痕跡的な球状の"大腿骨"がある[7]。

[*2]：『分担 解剖学』[18]では外頭蓋底の説明に「下顎骨および舌骨を除いた狭義の頭蓋の底面をいう」とあることから、本書の頭蓋はこの狭義の頭蓋にあたる。これは『脊椎動物のからだ』[8]の「頭蓋 skull」、そして『An Introduction to the Osteology of the Mammalia』[5]や『Encyclopedia of Marine Mammals』[9]の cranium と同じである。

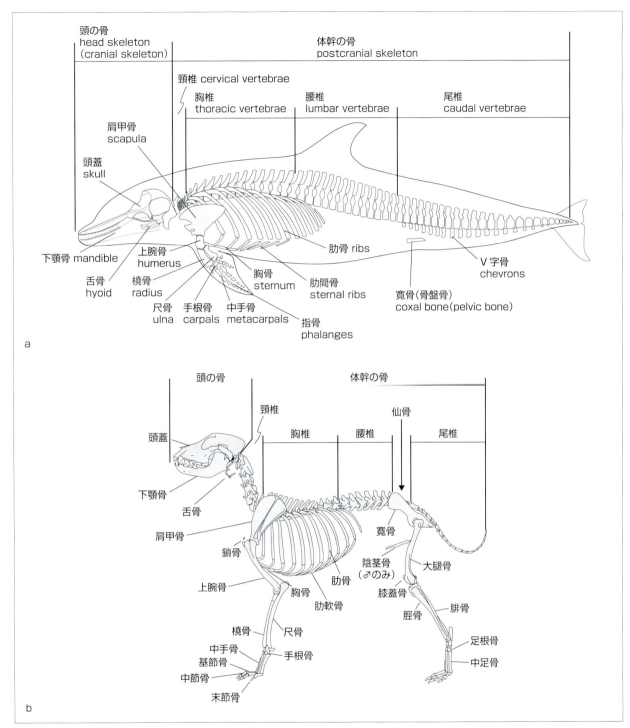

図6 クジラとイヌの骨格
a：クジラ（バンドウイルカ）の骨格、b：イヌの骨格
クジラには鎖骨、仙椎がない。また、寛骨は脊椎骨に癒合せず、後肢もない。

頭の骨の空間

哺乳類の頭の骨の内部には3つの大きな空間がある（図7）。すなわち、頭蓋腔 cranial cavity、鼻腔 nasal cavity、口腔 oral cavity である。

1. 頭蓋腔

頭蓋腔は脳を収める空間で、脳腔 brain cavity ともよばれる。天井部は頭頂骨と前頭骨が大部分を占め、後方の壁を後頭骨が担う。底面は底後頭骨、底蝶形骨、前蝶形骨でできており、前面は前頭骨と篩骨で、側面は頭頂骨、側頭骨鱗部（鱗状骨）、翼蝶形骨、眼窩蝶形骨で囲まれる。哺乳類の頭蓋腔には基本的に12対の脳神経を通す開口部がみられるが、現生のほとんどのハクジラには嗅神経がないため、鼻腔と頭蓋腔を隔てる篩板には孔が開いておらず、甲介骨もない。

2. 鼻腔

鼻腔は狭義の鼻腔と副鼻腔を併せたもので、種によって大きさや広がりはさまざまである。多くの哺乳類では篩骨と蝶形骨で頭蓋腔と隔てられ、骨鼻中隔で左右に分けられる。鼻腔は上下にも分けられ、上部は嗅覚に、下部は呼吸に関係する。後鼻孔が咽頭部に開口することで口腔とつながる。

副鼻腔の機能については不明な点が多いが、ある程度生態と関係づけて論じている研究もある。クジラをはじめとする海棲哺乳類には副鼻腔がないか、あっても極端に小さい。本書では便宜的に吻部と脳函を区別するが、これは頭蓋腔と鼻腔の区分とも関係する。ヒトやイヌでは篩板を頭蓋腔と鼻腔の境界とするため、吻と鼻腔はほぼ同じ位置を占める。一方、クジラでは眼窩前切痕から前方を「吻」として扱うのが一般的であるため、頭蓋腔と吻のあいだに鼻腔があることになる。このように、クジラ特有の頭の変形によって鼻腔は大きく変化しており、多くの陸棲哺乳類と同じには語れなくなっている。

3. 口腔

口腔は上顎骨、口蓋骨、鋤骨などで鼻腔と区画された下顎骨とのあいだの空間である。ほかの2つに比べて軟部組織に囲まれる度合いが大きく、下顎骨と組み合わさることで形成される（ここでは図示しない）。

コラム③：副鼻腔の存在意義

頭蓋の中には、脳を収めるための頭蓋腔や鼻の奥の鼻腔といった多数の骨に囲まれた空洞があるが、それ以外に、上顎骨や前頭骨といった骨そのものの内部にもしばしば空洞がある。これを副鼻腔という。副鼻腔に含まれるそれぞれの空洞は、上顎洞、前頭洞など洞を包む骨の名を冠する。多くの陸棲哺乳類の頭蓋骨内部には、程度の差はあれ副鼻腔が発達している。アリストテレスの時代以来、この空間の機能的意義について議論が続いているが、いまだに結論は出ていない。クジラをはじめとする海棲哺乳類には副鼻腔がないか著しく未発達なものが多いが、ある理由がわからないため、ない理由についても説明が難しい。ただ、空洞があれば浮力に影響するため、潜水と少なからず関係があるのではないかとも考えられる。もしそうであれば、副鼻腔の発達程度からその動物の水棲適応度を測ることも可能かもしれず、絶滅動物の生態を推測するのに役立つ可能性がある。たとえば、絶滅した哺乳類のグループである束柱類は海棲生活に適応していたともされるが、水への依存の程度については見解が定まっていない。クジラの副鼻腔が退化した理由を解明することが、こういった動物の生態の推定に少しでも役立つのなら大変興味深い。

なおクジラには、骨の中ではないが、頭蓋腹面にガスの詰まった軟組織の袋が発達している。こちらは鼻ではなく耳との関連が深い、いわば"副耳腔"とよぶべき構造である。air sinus とよばれるこの袋構造の機能についても副鼻腔同様必ずしも解明されていない。鼻腔が広大な副鼻腔とつながってひとつの構造（広義の鼻）をなしているともいえるように、クジラの air sinus も耳との関連が深いことがうかがえる。

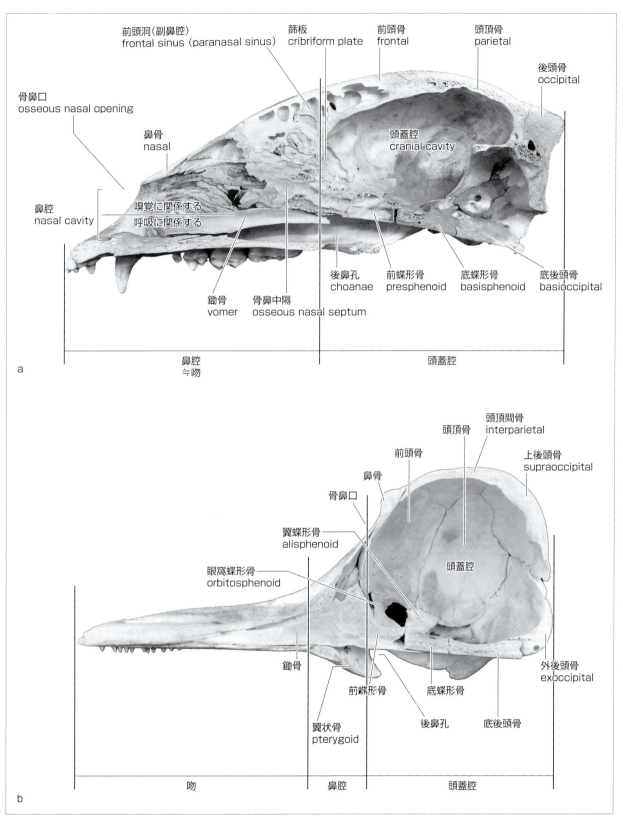

図7　頭蓋内の空間

a：ヒグマの頭部正中断、b：バンドウイルカの幼体の頭部正中断

両者を比べた場合、一瞥してわかる顕著な違いのひとつは骨鼻口の位置である。クジラでは骨鼻口が頭頂部に移動したせいで、鼻道がほぼ垂直になっている。もうひとつは副鼻腔で、クマなどの陸棲哺乳類では発達しているが、クジラなどの海棲哺乳類ではないか著しく退縮している。

骨の肉眼的構造

骨表面の緻密で固い部分を緻密骨 compact bone といい、内部の小孔と網目状の骨梁からなる部分を海綿骨 spongy bone という（図8）。それぞれの構造によって、強度を低下させることなく軽量化を実現している。緻密骨は外力を表面に分散させ、また長骨の骨幹では厚さを増して必要な強度を保っている。海綿骨の内部では、その部位にかかる外力の方向に応じて骨梁が三次元的に配置されている。骨の形状により、長骨（長い円柱状）、短骨（球形ないし多面体）、扁平骨（薄い板状）、不規則形骨（凹凸が著しい）、含気骨（内部に空洞がある）に分けられる。

隆起を表す用語としては、結節 tuber、隆起 eminenc、粗面 tuberosity（小凸隆が密在して表面が粗な部分）、突起 proces、棘 spine（先のとがった突出部）、線 line、稜 crista、顆 condyle（関節をつくる骨端の丸い高まり）などがある。陥凹を表す用語としては、窩 fossa、小窩 fossa、圧痕 impression、切痕 notch、裂 fissura、裂孔 hiatus、孔 foramen、管 canal、小管 caniculus、道 meatus、口 opening/aditus（洞や腔の開口と入り口）などがある。そのほか、面 face、平面 plane、板 lamina、翼 ala、枝 ramus、縁 margin などがある。

クジラの骨の特徴

現生のクジラは、マナティのような海牛類および陸棲哺乳類と比べて全体的に骨密度が低い。とくに小〜中型のハクジラではその傾向が強い。これには骨がより軽くなり、骨内部に油分を貯めることで浮力を得られるという利点がある。その一方で、ハクジラの音の受信・発信に関連しているであろう前上顎骨、鱗状骨、耳の骨、下顎骨は非常に骨密度が高い。特筆すべきはコブハクジラの吻で、非常に緻密な骨でできているが、その機能的意味合いは不明である。ヒゲクジラはハクジラと同様に耳の骨の骨密度が非常に高いが、ハクジラで認められるような前上顎骨と上顎骨、下顎骨の質的な差異は目立たない。

図8 骨の肉眼的構造
カマイルカの椎骨の矢状断面。骨表面の緻密で固い部分が緻密骨、内部の小孔と網目状の骨梁からなる部分が海綿骨である。

骨の組織構造

緻密骨にみられる骨の典型的な組織構造をハヴァース系という（図9）。血管の通路であるハヴァース管 Haversiann canal を骨層板 bone lamella が同心円状に取り巻き、円筒形の骨単位 osteon を形成する。骨単位は長軸方向の外力に抗するように、骨の表面ないし長軸に平行に並んでいる。ハヴァース管を横に連絡するフォルクマン管 Volkmann's canal は骨表面および髄腔に開いており、内外の血管をつなぐ通路になっている。

骨層板は、コラーゲン線維などの蛋白質が枠組みをつくり、そこにリン酸カルシウムの結晶が沈着したものである。コラーゲン線維は骨単位の層板の中で螺旋状に配列し、隣り合う層板ではほぼ直行する。骨層板のあいだには骨小腔 bone lacuna が存在し、骨細胞を収めている。骨小腔から放射状に伸びる骨細管 bone canaliculi を通して、骨細胞は細い突起を延ばし、互いに連絡している。骨細胞は、骨小腔と骨細管に含まれる細胞外液を通して物質の交換を行う。

骨単位の周囲にはコラーゲン線維に乏しい石灰化基質の層があり、セメント基質とよぶ。骨単位に属さない不規則な領域には、再構築の過程で破壊された骨単位の一部が残存しており、介在層板とよばれる。骨の外表面と髄腔面の近くでは骨層板が骨表面に平行に配列しており、それぞれ外環状層板、内環状層板とよばれる。

海綿骨には血管を通すハヴァース管がなく、骨層板は骨単位を形成しない。骨小腔は骨細管を通して髄腔につながる。

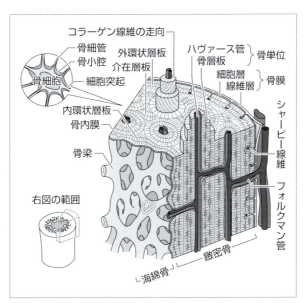

図9 骨の組織構造（ハヴァース系）

（文献13をもとに作成）

骨膜と骨内膜

骨膜 periosteum は、骨の外表面を覆う結合組織の層である。骨膜の外層は線維芽細胞とコラーゲン線維からなる。腱・靱帯・関節包などの付着部となり、それらの結合組織と連続する。骨膜の内層は骨芽細胞などを含み骨の成長と修復を行うので、骨形成層とよばれる。外層のコラーゲン線維の一部は内層を貫いて骨基質内に進入している。これはシャーピー線維 Sharpey's fiber とよばれ、腱や靱帯の力を骨内部に伝えるはたらきをする。骨膜には感覚神経終末が分布しており、痛みを感じる。骨折で激しく痛むのは、骨膜の感覚神経が刺激されるためである。

骨内膜 endosteum は骨の髄腔面を覆う不連続な細胞の層で、骨芽細胞と破骨細胞を含む。結合組織は乏しい。

関節[18]

骨格を形成する骨の連結を(広義の)関節という。

骨は結合組織の特殊なもので、線維性結合組織(あるいはその原型の間葉組織)から、多くは軟骨性の原基を経て、一部は直接に形成される。関節では、骨のあいだに結合組織性の構造がいろいろな形で残りうる。それらは強い結合組織である靱帯であったり、軟骨であったりする。また、骨間組織が消失して関節腔となることもある。『Paris Nomina Anatomica』[*3] は骨間に介在する組織の種類によって、関節を以下のように分類している。

1. 線維性の連結

骨と骨とが強い線維性の結合組織で連結されるものを線維性の連結 fibrous joint という。

(1) 靱帯結合

骨と骨をつなぐ線維性の結合組織のうち、太い線維(ほとんど膠原繊維)の密集した束か帯状の形のものをとくに靱帯 ligament という。靱帯によって連結された結合が靱帯結合 syndesmosis である。骨間の結合組織の量はまちまちであるが、総じて後述の縫合や釘植より多い。

(2) 縫合

対向する骨と骨との狭い間隙をごく少量の線維性結合組織が満たすものを縫合 suture とよぶ。頭蓋の大部分の骨は縫合により連結する。

(3) 釘植

骨と骨をつなぐ線維性の結合組織のうち、線維束が薄く膜状に拡がったものを膜 membrana という。円錐状の歯根が歯槽にはまって、結合組織性の歯根膜によって結合している状態を釘植 gomphosis という。

2. 軟骨性の連結

骨と骨が軟骨で連結されるものを軟骨性の連結 cartilaginous joint という。

(1) 軟骨結合

骨間を満たす組織が硝子軟骨であるものを軟骨結合 synchondrosis といい、その表面は骨膜に続く軟骨膜で覆われる。

(2) 線維軟骨結合

骨間を満たす組織が線維軟骨であるものを線維軟骨結合 symphysis といい、向かい合う骨の表面は硝子軟骨の薄い層で覆われる。

3. 滑膜性の連結

骨と骨のあいだに関節腔が存在し、その内面に滑膜とよばれる組織があるものを滑膜性の連結 synovious joint という。運動性がもっとも大きい。関節という語を狭義に用いるときはしばしばこれのみを指す。連結部全体が骨膜の続きである関節包に包まれるため、骨間の間隙は閉鎖された関節腔となる。関節腔内に露出する骨の関節面は関節軟骨に覆われて非常に滑らかである。対向する関節面の一方は凸面の関節頭となり、他方はそれに対応した関節窩となる場合が多い。関節軟骨の厚さは部位によってまちまちであり、骨の見かけ上の関節面をすべて覆うとは限らないので、骨格標本の適合状態と生体内の関節における骨の適合状態は、かなり異なる場合がある。

---

*3:『Nomina Anatomica』の改訂版。1955年に第6回国際解剖学会にて編纂された。学会の開催地がパリであったため、『Paris Nomina Antatomica』とよばれている。

4．狭義の関節（滑膜性の連結）の分類

（1）関節をつくる骨の数による分類

2個の骨のあいだの関節を単関節といい、3個以上の骨で1つの関節をつくるものを複関節という。

（2）関節の運動形式による分類

屈伸や回旋のように骨が特定の1軸のみを中心として動くものを一軸性の関節という。前後と側方への屈伸のように、互いに直行する2軸を中心として動くものを二軸性の関節という。前後屈と側屈のほか回旋も行い、3軸以上を中心として動くものを多軸性の関節という。

（3）関節面の形状による分類

①球関節

関節頭が球の一部の形をしており、関節窩がそれに応じた丸いくぼみとなっているものを球関節という。多軸性関節である。例として肩関節などが挙げられる。

②楕円関節

球関節のバリエーションとして、関節頭が楕円球状、関節窩はそれに応じた楕円形のくぼみとなっているものを楕円関節という。関節頭の長軸と短軸を中心に動く2軸性の屈伸、および両者の複合による描円運動を行うが、回旋はしない。例として橈骨手根関節などが挙げられる。

③顆状関節

関節頭と関節窩の形からは球関節に属するが、関節に密接する靱帯や腱の走行と付着の仕方により2軸性の屈伸（前後と側方）のみを行い、回旋運動をしないものを顆状関節という。例として中手指節関節、中足指節関節などが挙げられる。

④蝶番関節

関節頭が骨の長軸に直行する円柱対の一部にあたり、その表面に溝があって滑車状を呈するものを蝶番関節という。関節窩にはこの溝に一致した隆起線がある。運動は関節頭の円柱を中心とする屈伸のみ（一軸性）で、溝と隆起によってその方向が規制される。例として指節間関節などが挙げられる。

⑤車軸関節

関節頭が骨の長軸に一致した円柱状ないし円盤状で、関節窩はその側面に応じて湾曲した切痕となるものを車軸関節という。関節頭が運動軸となって、回旋のみが行われる一軸性の関節である。例として橈尺関節などが挙げられる。

⑥鞍関節

対向する関節面がともに馬の鞍のような双曲面で、互いに直行するように回旋した状態で向かい合うものを鞍関節という。例として第1指の手根中指関節などが挙げられる。

⑦平面関節

向かい合う関節面がいずれも平面に近いものを平面関節という。互いに平面的にずれるように運動が行われるが、その運動範囲は小さい。例として椎間関節などが挙げられる。

表1　本書に登場する用語の日・英・ラテン語対応表

分類	日本語	英語	ラテン語
骨	S字状突起	sigmoid process	processus sigmoidalis
	アブミ骨	stapes (stirrup)	stapes
	烏口突起	coracoid process	processus coracoideus
	円錐突起	conical process	processus medius tympanici
	横突起	transverse process	processus transversus
	横突孔	transverse foramen	foramen transversus
	横突肋骨窩	transverse costal facet	fovea costalis transversalis
	横稜	transverse crest	crista transversa
	オトガイ孔	mental foramina	foramen mentale (plural, foramen mentalia)
	外後頭骨	exoccipital bone	os exoccipitale (pars lateralis)
	外篩骨	ectethmoid (lateral mass)	massa lateralis
	外唇	outer lip	
	外側塊	lateral mass	massa lateralis
	外側後方隆起	outer posterior prominence	
	外頭蓋底	ventral surface of skull	
	下顎孔	mandibular foramen	foramen mandibulae
	下顎骨	mandible	mandibula
	下顎窩	mandibular fossa	fossa mandibularis
	蝸牛部	cochlear portion	pars cochlearis
	角舌骨	ceratohyal (ceratohyoid bone)	ceratohyoideum
	角突起	angular process	processus angularis
	下鼻甲介	ventral nasal concha	os conchae nasalis ventralis
	眼窩	orbit	orbita
	眼窩下孔	infraorbital foramen	foramen infraorbitale
	眼窩下板	infraorbital plate	
	眼窩上突起	supraorbital process	
	眼窩前切痕	antorbital notch	
	眼窩蝶形骨	orbitosphenoid (wing of presphenoid, orbital wing, lesser wing)	ala orbitales
	眼窩裂	orbital fissure	fissura orbitalis
	寛骨	coxal bone	os coxae
	関節窩	glenoid cavity	cavitas glenoidalis
	関節突起	mandibular condyle (condyloid process)	processus condylaris
	環椎	atlas	atlas
	キヌタ骨	incus (anvil)	incus
	胸郭	thorax	compages thoracis (thorax)
	頬骨	jugal	os zygomaticum (malar)
	胸骨	sternum	sternum
	胸骨体	body of sternum	corpus sterni
	頬骨突起	zygomatic process	processus zygomaticus
	胸骨柄	manubrium of sternum	manubrium sterni
	胸椎	thoracic vertebrae	vertebrae thoracicae
	棘上窩	supraspinous fossa	fossa supraspinata
	棘突起	spinous process	precessus spinosus
	筋突起	coronoid process	processus coronoideus
	茎状舌骨	stylohyal (stylohyoid bone)	os stylohyoideum
	頸椎	cervical vertebrae	vertebrae cervicales
	頸肋骨	cervical rib	costa cervicalis
	血管突起	hemal processes	processus hemales
	肩甲骨	scapula	scapula
	肩峰	acromion	acromion

分類	日本語	英語	ラテン語
骨	口蓋骨	palatine	os palatinum
	後関節窩	posterior articular fovea	fovea articularis posterior
	後関節突起	posterior articular process	processus articularis caudalis
	口腔	oral cavity	cavum oris
	後口蓋孔	sphenopalatine foramen	foramen sphenopalatinum
	甲状舌骨	thyrohyal (thyrohyoid bone)	os thyrohyoideum
	後椎切痕	posterior vertebral incisure	incisura vertebralis posterior
	後頭顆	occipital condyle	condylus occipitalis
	後頭骨	occipital	os occipitale
	後突起	posterior process	
	項稜	nuchal crest	crista nuchae
	鼓室蓋	tegmen of tympanic cavity	tegmen tympani
	鼓室舌骨	tympanohyal (tympanohyoid)	tympanohyoideum
	鼓室胞	tympanic bulla	bulla tympanica
	骨端板	epiphyseal plate	lamina epiphysialis
	骨盤	pelvis	pelvis
	骨盤骨（骨盤痕跡）	pelvic bone	os coxae
	骨鼻口	osseous nasal opening	apertura nasi ossea
	骨鼻中隔	bony (osseous) nasal septum	septum nasi osseum
	坐骨	ischium	os ischia
	軸椎	axis	axis
	篩骨	ethmoid	os ethmoidale
	指骨	bone of digits, phalanges	phalanges (ossa digitorum manus)
	篩骨垂直板	perpendicular plate	lamina perpendicularis
	耳周骨	periotic	pars petrosa; os petrosum
	視神経管	optic canal	canalis opticus
	歯突起	dens	dens
	歯突起窩	facet of atlas for dens	fovea dentis
	篩板	cribriform plate	lamina cribrosa
	尺側骨	ulnare	os carpi ulnare
	尺骨	ulnae	ulna
	手根骨	carpal bone	ossa carpi (carpalia)
	上顎孔	maxillary foramen	foramen maxillare
	上顎骨	maxilla	maxilla
	上後頭骨	supraoccipital bone	os supraoccipitale (squama occipitalis)
	上行突起	ascending process	
	上古骨	epihyal (epihyoid)	epihyoideum
	上腕骨	humerus	humerus
	鋤骨	vomer	vomer
	正円孔	round foramen	foramen rotundum
	脊柱	vertebral colmun	columna vertebralis
	舌骨	hyoid bone	os hyoideum
	前関節窩	anterior articular fovea	fovea articularis anterior
	前関節突起	anterior articular process	processus articularis cranial
	前上顎骨	premaxilla	os incisivum
	前上顎骨孔	premaxillary foramen	
	前上顎骨鼻突起	nasal process of premaxilla	
	前上顎骨隆起	premaxillary eminence	
	前上顎嚢窩	premaxillary sac fossa	
	前蝶形骨	presphenoid	os presphenoidale
	仙椎	sacral vertebra	vertebrae sacrales

分類	日本語	英語	ラテン語
	前椎切痕	anterior vertebral incisure	incisura vertebralis anterior
	前庭窓（卵円窓）	vestibular window	fenestra ovalis (vestibuli)
	前頭骨	frontal	os frontale
	前頭骨眼窩後突起	postorbital process	
	前頭骨隆起	frontal boss	
	前突起	anterior process	
	側頭窩	temporal fossa	fossa temporalis
	大口蓋孔	major (greater) palatine foramen	foramen palatinum majus
	大後頭孔	magnum foramen	foramen magnum
	楕円孔	elliptical foramen	
	単孔	singular foramen/solitary foramen	foramen singulare
	恥骨	pubis	os pubis
	中間骨	intermedium	os carpi intermedium
	中篩骨	mesethmoid (perpendicular plate)	lamina perpendicularis
	中手骨	metacarpal	ossa metacarpi (metacarpalia)
	肘頭	olecranon process	olecranon
	蝶形骨	sphenoid	os sphenoidale
	蝶口蓋孔	caudal palatine foramen	foramen palatinum caudale
	腸骨	illium	os ilium
	椎間円板	intervertebral disc	discus intervertebralis
	椎間孔	intervertebral foramen	foramen intervertebrae
	椎弓	vertebral arch	arcus vertebrae
	椎弓根	pedicle of arch of vertebra	pedicle of arch of vertebra
	椎弓板	lamina of vertebral arch	lamina arcus vertebrae
	椎孔	vertebral foramen	foramen ventebrae
骨	椎体	vertebral body	corpus vertebrae
	ツチ骨	malleus, hammer	malleus
	底後頭骨	basioccipital bone	os basioccipitalis (pars basilaris)
	底後頭骨稜	basioccipital crest	
	底舌骨	basihyal (basihyoid bone)	os basihyoideum
	底蝶形骨	basisphenoid	os basisphenoidale
	頭蓋腔	cranial cavity	cavum cranii
	頭蓋頂部	vertex	vertex
	頭蓋底	base of the skull	basis cranii
	橈骨	radius	radius
	橈側骨	radiale	os carpi radiale
	頭頂間骨	interparietal	os interparietale
	頭頂骨	parietal	os parietale
	肋骨窩	costal facet	fovea costalis
	内唇	involucrum	involucrum
	内側後方隆起	inner posterior prominence	
	内頭蓋底	internal surface of base of skull	basis cranii interna
	乳頭突起	mammillary process	processus mammillaris
	脳函	braincase	頭蓋腔に同じ
	脳腔	頭蓋腔に同じ	頭蓋腔に同じ
	背弓	dosal arch	arcus dorsalis
	背結節	dorsal tubercle	tuberculum dorsalis
	鼻腔	nasal cavity	cavum nasi
	鼻骨	nasal	os nasale
	尾椎	caudal vertebrae	vertebrae coccygeae/candales
	腹弓	ventral arch	arcus ventralis

分類	日本語	英語	ラテン語
骨	腹結節	ventrall tubercle	tuberculum ventralis
	副小骨	accessory ossicle	processus tubarius
	副鼻腔	paranasal sinus	sinus paranasales
	浮遊肋	floating ribs	costae fluctuantes
	吻	rostrum	rostrum
	有鉤骨	unciform (hamate)	os hamatum
	有頭骨	magnum (capitate)	os capitatum
	腰帯	pelvic girdle	cingulum pelvicum
	腰椎	lumbar vertebrae	vertebrae lumbales
	翼状骨	pterygoid	os pterygoideum
	翼蝶形骨	alisphenoid (wing of basisphenoid, temporal wing, great wing)	ala temporales
	翼突洞	pterygoid sinus	
	ラセン孔列	spiral cribriform tract	tractus spiralis foraminosus
	卵円孔	oval foramen	foramen ovale
	隆起間切痕	interprominential notch	
	鱗状骨	squamosal	os temporale (pars squamosa)
	涙骨	lacrimal	os lacrimale
	肋間骨	sternal rib	os intercostalis
	肋骨	ribs	costae
	肋骨頸	neck of ribs	collum costae
	肋骨結節	tubercle of ribs	tuberculum costae
	肋骨切痕	costal notches	incisurae costales
	肋骨体	body of ribs	corpus costae
	肋骨頭	head of ribs	caput costae
筋	上顎鼻唇筋	maxillonasolabial muscle	musculus maxillonasolabialis
	前外側部	pars anteroexternus	pars anteroexternus
	中間部	pars intermedius	pars intermedius
	後外側部	pars posteroexternus	pars posteroexternus
	鼻栓筋	nasal plug muscle	
	吻側筋	rostral muscle	
その他	鼻嚢	nasal sac	
	前庭嚢	vestibular sac	
	鼻前庭嚢	nasofrontal sac	
	前上顎嚢	premaxillary sac	
	下前庭(管)	inferior vestibule	

(文献4、16をもとに作成)

表2 頭の骨の区分（動物）

文献	区分		構成骨	備考
獣医解剖・組織・発生学用語[17]	右の二区分をまとめる呼称はない	頭蓋 cranium （skull）	頭蓋骨 ossa cranii （bones of cranium, cranial bones） 後頭骨 頭頂間骨 底蝶形骨 前蝶形骨 翼状骨 側頭骨 頭頂骨 前頭骨 篩骨 鋤骨	《Neurocranium（神経頭蓋）およびSplanchnocranium（内臓頭蓋）という用語を削除した。Craniumという用語は初版のNeurocraniumと同義で、これ以外の頭骨を、体部で用いた用語に従ってFaciesと名付ける》とある。
		顔 facies （face）	顔面骨 ossa faciei （bones of face, facial bones） 鼻骨 涙骨 上顎骨 腹鼻甲介骨 切歯骨 吻鼻骨* 口蓋骨 頬骨 下顎骨 舌骨（装置）	
新編 家畜比較解剖図説[10]	頭蓋 skull, cranium	神経頭蓋 neurocranium	頭蓋骨 bones of cranium 後頭骨 頭頂間骨 底蝶形骨 前蝶形骨 頭頂骨 翼状骨 側頭骨 前頭骨 篩骨 鋤骨	
		内臓頭蓋 viscerocranium	顔面骨 bones of face 鼻骨 涙骨 上顎骨 腹鼻甲介骨 切歯骨 吻鼻骨* 口蓋骨 頬骨 下顎骨 舌骨装置	
図説家畜比較解剖学[12]	頭蓋 cranium, skull	頭蓋腔を囲んでいる部分（脳頭蓋 cranium cerebrale）	頭蓋骨 ossa cranii, bones of the cranium 後頭骨 頭頂間骨 頭頂骨 側頭骨 蝶形骨 前頭骨 篩骨	
		顔面部を構成している部分（顔面頭蓋 cranium viscerale）	顔面骨 ossa faciei, bones of the face 鼻骨 涙骨 上顎骨 鼻甲介 切歯骨 口蓋骨 頬骨 翼状骨 鋤骨 下顎骨 舌骨	

文献	区分		構成骨		備考
Illustrated Veterinary Anatomical Nomen-clature[2]	右の二区分をまとめる呼称はない	cranium (part of the skull, that encloses the brain)	ossa cranii	occipital	
				interparietal	
				basisphenoid	
				presphenoid	
				pterygoid	
				temporal	
				parietal	
				frontal	
				ethmoid	
				vomer	
		facies (facial bones)	ossa faciei	nasal	
				lacrimal	
				maxilla	
				ventral nasal concha	
				incisive	
				rostral*	
				palatine	
				zygomatic	
				mandible	
				hyoid apparatus	
Miller's Anatomy of the Dog[3]	skull, cranium	braincase		exoccipital	
				supraoccipital	
				basioccipital	
				interparietal	
				basisphenoid	
				presphenoid	
				temporal	
				parietal	
				frontal	
				ethmoid	
		face and palate		nasal	
				lacrimal	
				maxilla	
				dorsal concha	
				ventral concha	
				premaxilla	
				palatine	
				zygomatic	
				pterygoid	
				vomer	
				mandible	
		hyoid and middle ear		stylohyoid	
				epihyoid	
				ceratohyoid	
				thyrohyoid	
				basihyoid	
				malleus	
				incus	
				stapes	

＊：吻鼻骨 rostral bone はブタなどの一部の動物にのみある。

表3　頭の骨の区分（ヒト）

文献	区分	構成骨		備考
日本人体解剖学[11]	頭蓋 skull	脳頭蓋 neurocranium	前頭骨	
			頭頂骨	
			後頭骨	
			側頭骨	
			蝶形骨	
			篩骨	
		顔面頭蓋 viscerocranium	鼻骨	
			鋤骨	
			涙骨	
			下鼻甲介	
			上顎骨	
			頬骨	
			口蓋骨	
			下顎骨	
			舌骨	
分担 解剖学1[18]	頭蓋 cranium, skull	脳頭蓋（神経頭蓋） neurocranium	頭蓋骨（脳頭蓋を構成する骨） ossa cranii (cranial bones)	前頭骨	《NA1980年改訂ではすべて頭蓋の骨とし、顔面骨の名を廃した》とある。しかし、同書でも「頭蓋骨」「顔面骨」の区分は採用され、「一般に次のように分けている」としたうえで、左記の構成としている。
				頭頂骨	
				後頭骨	
				側頭骨	
				蝶形骨	
				篩骨	
				鼻骨	
				鋤骨	
				涙骨	
				下鼻甲介	
		顔面頭蓋（内臓頭蓋） viscerocranium	顔面骨（顔面頭蓋を構成する骨） ossa faciei (facial bones)	上顎骨	
				頬骨	
				口蓋骨	
				下顎骨	
				舌骨	
骨学実習の手びき[14]	頭蓋 cranium, skull	脳頭蓋（neurocranium）と顔面頭蓋（viscerocranium）の区分を認めるが、各骨は一括して頭蓋骨	頭蓋骨 ossa cranii	前頭骨	脳頭蓋と顔面頭蓋の区分は便宜的なもので、両者の境界を明瞭に定めることはできないとする。
				頭頂骨	
				後頭骨	
				側頭骨	
				蝶形骨	
				篩骨	
				鼻骨	
				鋤骨	
				涙骨	
				下鼻甲介	
				上顎骨	
				頬骨	
				口蓋骨	
				下顎骨	
				舌骨	

参考文献

1) Colbert EH, Morales M. 脊椎動物の進化, 原著第5版. 田隅本生訳. 築地書店. 2004.
2) Constantinescu GM, Schaller O. Illustrated Veterinary Anatomical Nomenclature, 3rd ed. Enke. 2012.
3) Evans H, de Lahunta A. Miller's Anatomy of the Dog, 4th ed. Elsevier, Saunders. 2012.
4) Federative Committee on Anatomical Terminology. Terminologia Anatomica. Thieme. 1998.
5) Flower WH. An Introduction to the Osteology of the Mammalia, 3rd ed. Macmillan. 1885.
6) Mead JG, Fordyce RE. The Therian Skull: A Lexicon with Emphasis on the Odontocetes. Smithsonian Institution Scholarly Press. 2009.
7) Miyakawa N, Kishiro T, Fujise Y, et al. Sexual dimorphism in pelvic bone shape of the north pacific common minke whales (*Balaenoptera acutorostrata*). OAJS. 6: 131-136, 2016.
8) Romer AS, Parsons TS. 脊椎動物のからだ〜その比較解剖学〜, 第5版. 平光廣司訳. 法政大学出版局. 1983.
9) Rommel SA, Pabst DA, McLellan W, et al. Skull. *In* Würsig B, Thewissen JGM, Kovacs KM, (eds): Encyclopedia of Marine Mammals, 3rd ed. Elsevier, Academic Press. 2017, pp871-881.
10) 加藤嘉太郎, 山内昭二. 新編 家畜比較解剖図説. 養賢堂. 2003.
11) 金子丑之助, 金子勝治, 穐田真澄. 日本人体解剖学, 第19版. 南山堂. 2000.
12) 川田信平. 図説家畜比較解剖学 運動器・栄養器・尿生殖器編, 新訂増補第8版. 産業図書.
13) 坂井建雄, 河原克雅. カラー図解 人体の正常構造と機能, 改訂第3版. 日本医事新報社. 2017.
14) 寺田春水, 藤田恒夫. 骨学実習の手びき, 第4版. 南山堂. 1992.
15) 寺田春水, 藤田恒夫. 解剖実習の手びき, 第11版. 南山堂. 2004.
16) 日本解剖学会. 解剖学用語, 改訂13版. 医学書院. 2007.
17) 日本獣医解剖学会. 獣医解剖・組織・発生学用語. 学窓社. 2000.
18) 森 於菟, 小川鼎三, 大内 弘ほか. 分担 解剖学1〜総説・骨学・靭帯学・筋学〜, 第11版. 金原出版. 1982.
19) 八杉龍一, 小関治男, 古谷雅樹ほか. 岩波生物学辞典, 第4版. 岩波書店. 1996.
20) 宮川尚子. 鯨類における骨盤および後肢痕跡に関する形態学的研究. 東京海洋大学博士論文. 2016.

第 1 章

頭の骨

はじめに

　本章ではハクジラとヒゲクジラを対比しながら、クジラの頭の骨[*1]について解説する。

　なお、ヒゲクジラの頭の骨の骨学的・解剖学的構造はハクジラに比べて研究が進んでいないため、詳細が明らかでない点が多い。そのためハクジラと同等の記述ができない部分が多々あることを、はじめにおことわりしておく。ヒゲクジラについての記述はナガスクジラ科、とくにミンククジラが中心となる。ミンククジラは日本沿岸へのストランディングあるいは捕鯨によって幼体から成体まで複数の個体が利用可能であり、そのためにさまざまな情報を得やすい。ほかのヒゲクジラ（セミクジラ科、コククジラ科、コセミクジラ科）では同等の質・量の情報を得がたいため、言及は限定的である。

頭の骨

1. 共通の特徴

　現生クジラの頭の骨は、陸棲哺乳類のそれの基本的な要素をほぼ備えている。すなわち、後頭骨、頭頂骨、頭頂間骨、鱗状骨[*2]、前頭骨、蝶形骨（後述するように底蝶形骨、翼蝶形骨、前蝶形骨、眼窩蝶形骨の独立した名称でしばしばよばれる。翼蝶形骨は底蝶形骨の左右にある翼部、眼窩蝶形骨は前蝶形骨の左右にある翼部である）、篩骨（外篩骨、篩板）、翼状骨、鋤骨、鼻骨、涙骨、頬骨（涙骨と頬骨が癒合している種も多数ある）、上顎骨、前上顎骨（前顎骨、切歯骨 os incisivum、顎間骨 os intermaxillare などともよばれる）、口蓋骨、下顎骨、舌骨がある。腹鼻甲介骨はない。しかし、骨の形は陸棲哺乳類の祖先から進化する過程でかなり変形している。現生クジラの頭蓋[*1]には主に以下のような特徴がある。

- 吻が前後に長く伸長し、後方に伸びた吻の要素が後頭骨と近接している。
- 上顎骨と前上顎骨の後方への伸長に伴い、骨鼻口が頭頂付近に移動している。
- 左右の前上顎骨間（正中部）に隙間があり、腹側の鋤骨を底とする溝（**mesorostral groove**）を形成している。
- 眼窩下孔が上顎骨背側に複数開口している。
- 眼窩前部の上顎骨に切痕（**眼窩前切痕 antorbital notch**）がある。
- 頭頂骨が側頭部に移動し、背側からほとんど、あるいはまったくみえない（ただし、マッコウクジラや現生コマッコウ科では側頭部よりも頭頂部における露出度のほうが高い）。
- 後頭骨が前方に伸び出し、頭蓋後方背側の大きな構成要素となっている。

[*1]：頭の骨に関する用語の定義は文献によってさまざまである。本書における定義は「序章　総論」の「頭の骨の定義の多様性」を参照のこと。

[*2]：ヒトで側頭骨とされる骨は鱗状骨と耳の骨（鼓室胞、耳周骨、耳小骨、乳様突起）の複合体であり、耳の骨がほかの骨から独立しているクジラでは「側頭骨」ではなく、「鱗状骨」の語が用いられる。

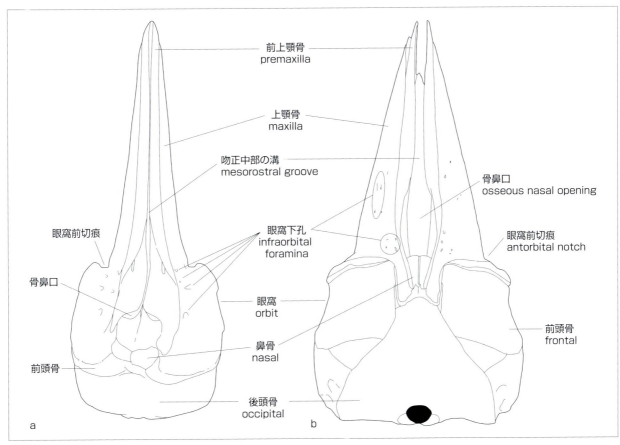

図1 ハクジラとヒゲクジラの頭蓋背面の比較
a：マダライルカ、b：ミンククジラ
ハクジラとヒゲクジラでは頭蓋の変形様式が異なる。もっとも目立つ違いは、ハクジラでは上顎骨が前頭骨を広く覆うことである。骨鼻口と眼窩の相対的位置も異なる。しかし、吻正中部に軟骨で満たされた溝があることや眼窩下孔が上顎骨背側に複数すること、眼窩前切痕があるなど、共通する構造も複数ある。

- 前頭骨が拡大し、とくに眼窩上突起 supraorbital process が外側に棚状に張り出している。そのため外頭蓋底の一部に眼窩の領域が含まれる。
- 鱗状骨の頬骨突起と前頭骨の眼窩後突起が近接している。
- 側頭窩間の脳函領域の細くなっている部分(intertemporal constriction)がほぼ、あるいはまったくなくなるまで前後に圧縮され、かつ側頭窩が左右に離れ縮小し、背側からみえにくくなっている。
- 底後頭骨稜がある。
- 一部の骨同士が重なり合い、重層構造となっている(いわゆるテレスコーピングとよばれる状態)。
- 耳の骨が耳周骨と鼓室胞のユニットで構成され、頭蓋から半ば独立している。
- 陸棲哺乳類と比べて甲介が単純化しているかまったくない。
- 副鼻腔がない。

クジラ目特有の頭蓋の構造変化はしばしば"テレスコーピング"とよばれる。しかし、ハクジラとヒゲクジラでは変形の様式が異なるため(図1)、テレスコーピングという一語でクジラの頭蓋に起こった諸々の変化を過不足なく具体的に説明することはできない。したがって本書ではこの用語を使わない。

2. ハクジラの特徴

(1) 左右非相称性

ハクジラ、とくに現生種の頭蓋で特徴的なのは左右非相称な点である。どんな哺乳類の頭蓋も多かれ少なかれ非相称だが、ハクジラの頭蓋の非相称性は性質が異なる。ハクジラ以外の動物の頭蓋がこのような非相称性を示せば、ほとんど病的といえるほどである。

ハクジラの頭蓋は、程度の差はあるものの多くの種で右側の要素が左側よりも発達している。とくに前上顎骨、上顎骨、骨鼻中隔、鼻骨でその傾向が強い。そのため多くの場合、発達した骨のために右側の骨鼻口が小さくなり、左側のほうが大きくなる。この差はマッコウクジラ科とコマッコウ科できわみに達する。

頭蓋の後方ほど非相称の度合いは強くなり、頭蓋頂部 vertex は正中線より左寄りに来る。この非相称性はもっぱら頭蓋の背面の要素にかかわるものであるため、吻端と大後頭孔を結ぶ線を基準にすると、そこからの頭蓋頂部の歪曲(非相性)度合を見積もることができる。ラプラタカワイルカなどほぼ相称にみえる(それでも軟組織は左右非相称である)種もいる一方、アカボウクジラ科の一部の種やマッコウクジラ上科など非相称性が著しい種もいる。ネズミイルカ科は化石種のなかに明らかな非相称性を示すものもいるが、現生種は相称に近く、進化の過程で同一系統内において頭蓋の相称度が変化したことが知られている。

(2) その他の変形

ハクジラの頭蓋骨のうち、ほかの哺乳類との違いが著しいのは上顎骨である。ハクジラの上顎骨は前頭骨の上を広く覆う。また、頭頂骨が本来の頭頂部から側頭部に移動しているため、頭頂骨の主要部分は側頭窩内にあり、背側ではわずかしかみえない。

頭頂骨は外側の一部を鱗状骨に覆われる一方、腹側は鱗状骨に覆われることなく外頭蓋底(後述)に露出し、底後頭骨、底蝶形骨、翼蝶形骨のいずれか1つ以上と結合する。このような状況のため、一般的な哺乳類で区分される神経頭蓋と内臓頭蓋は互いに入り組んでいる。一般的な哺乳類の場合、頭蓋はいわゆる鼻づらの部分が内臓頭蓋、眼から後ろの後頭部までが神経頭蓋というように空間的な線引きがある程度可能だが、ハクジラの場合は、上顎骨が前頭骨を覆いながら後方に向かい後頭骨に(ほぼ)接触することに加えて、鼻骨が退縮して骨鼻口の形成にあずからないため、両者の空間的な区別は意味のある形ではできない。

一般的な哺乳類の頭蓋背面に大きく露出する骨は前から鼻骨、前頭骨、頭頂骨で、その3つで背面のほとんどが占められるが、現生ハクジラでは前述のような一連の頭蓋の変形により、いずれも背側の主要な要素ではなくなっている。代わりに目立つのは前上顎骨、上顎骨、後頭骨の3つである(図2)。

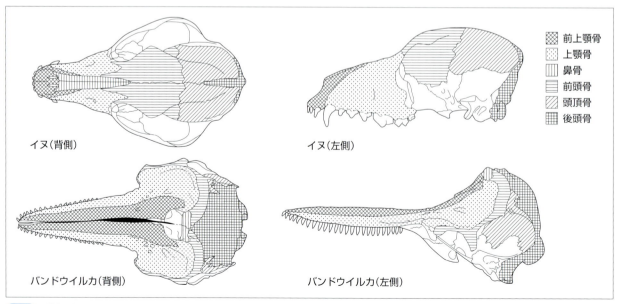

図2 分類群による頭蓋の違い

陸棲四足哺乳類(イヌで代表)とイルカの頭蓋では、露出する各骨の位置と割合が大きく異なる。前上顎骨、鼻骨、上顎骨、前頭骨、頭頂骨、後頭骨を比べてみると違いが明瞭である。

第1章　頭の骨

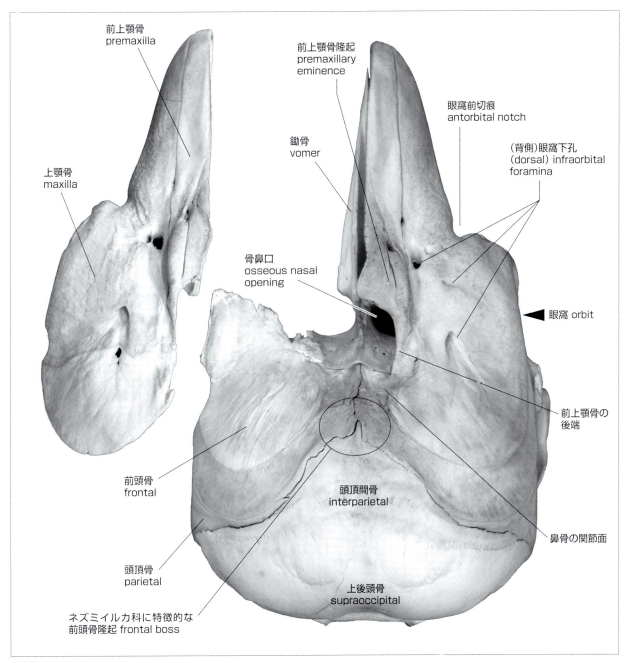

図3　スナメリの幼体の頭蓋（背側）
現生ハクジラの頭蓋は、前頭骨を覆いながら後方へ拡張した上顎骨で特徴づけられる（図では左側の上顎骨をはずして、その下の前頭骨を露出させてある）。鼻骨は頭蓋頂部付近にあり、骨鼻口の形成には関与しない。眼窩下孔は眼窩の上に位置し複数開口する。一般哺乳類に比べて後頭骨も拡大している。

（3）Air sinus system

　ハクジラの頭蓋の腹側には軟組織の袋が広がる。広がりのパターンは種によって異なる。機能的な意義についてははっきりしない。

3. ヒゲクジラの特徴

ヒゲクジラの頭蓋骨、とくに摂食器官を構成する吻の骨は成体でも結合がゆるく、骨同士の隙間が多い（前上顎骨と上顎骨、上顎骨と前頭骨、口蓋骨と周辺の骨など）。吻の骨は、種によって程度はさまざまだがみな一様に背側に湾曲している。さらに顎関節も緩い。これらすべては、一時的にせよ大量の海水を口に含むというヒゲクジラ特有の摂食様式に関係があるものと思われる。

ヒゲクジラの頭蓋は、化石種・現生種を問わず基本的に左右相称である。ヒゲクジラはエコーロケーションを行っていないと考えられており、メロンに相当する器官もそれを収める空間（くぼみ）もない。

ヒゲクジラの頭蓋は、ハクジラに比べると陸棲哺乳類の頭蓋の基本構造からの変形の度合いが少なく、変形の仕方もハクジラと異なる。ハクジラと異なる主な点としては、後頭骨が前方に伸びていること、前頭骨が上顎骨に一部しか覆われていないこと、また逆に一部で上顎骨が前頭骨に覆われること、頭頂骨が外頭蓋底に現れないこと、鼻骨が骨鼻口の形成にあずかること、耳の骨は頭蓋から分離しているが、いくつかの箇所で頭蓋の骨壁に囲まれているため、それらを壊さないと取り出せないことなどが挙げられる。

ヒゲクジラでは**ヒゲ板 baleen plates** を収める顎が大きな頭部の大半を占めており、神経頭蓋は後部4分の1ほどを占めるに過ぎない。ヒゲクジラではハクジラと異なり上顎骨が前頭骨の上を大規模に覆わないため、神経頭蓋と内臓頭蓋を空間的に区別しやすいが、頭頂部は多少入り組んでいる。ナガスクジラ科では骨鼻口の後方に位置する頭頂で、前上顎骨、上顎骨、鼻骨、前頭骨、頭頂骨が折れ曲がりながら複雑に組み合わさっている。

鼻骨 nasal は骨鼻口後部の天井の形成にあずかるおおむね三角柱状の骨である。左右が関節する面と前面は平滑で、前頭骨と関節する外側面と底面は隆起や溝が発達し、しっかりと前頭骨にはまり込む。鼻道はヒ

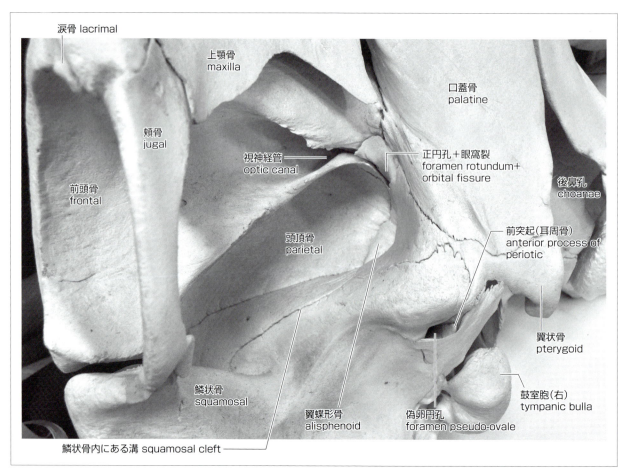

図4 ミンククジラの側頭窩
ミンククジラの外頭蓋底を右寄りからみる。頭蓋骨同士の結合が緩く、ハクジラと比べて神経の出口の孔や溝の対応が難しい。

ゲクジラでは骨鼻口から後鼻孔まで斜行する形で、骨鼻口に対して腹側後方に開く。前述のようにヒゲクジラは頭蓋骨のあいだに隙間が多いためか、脳神経は骨に明瞭な開口部を持たず、漠然とした広い空間のどこかを通過する場合がある。たとえば、ミンククジラには蝶口蓋孔や後口蓋孔はなく、口蓋神経の経路と思しき溝が口蓋骨外側縁にあるのみである。蝶口蓋神経はおそらく、口蓋骨と上顎骨のあいだにあるかなり広い隙間を通り鼻腔に至るものと思われる。後鼻孔は頬骨突起前端より後方に位置する。

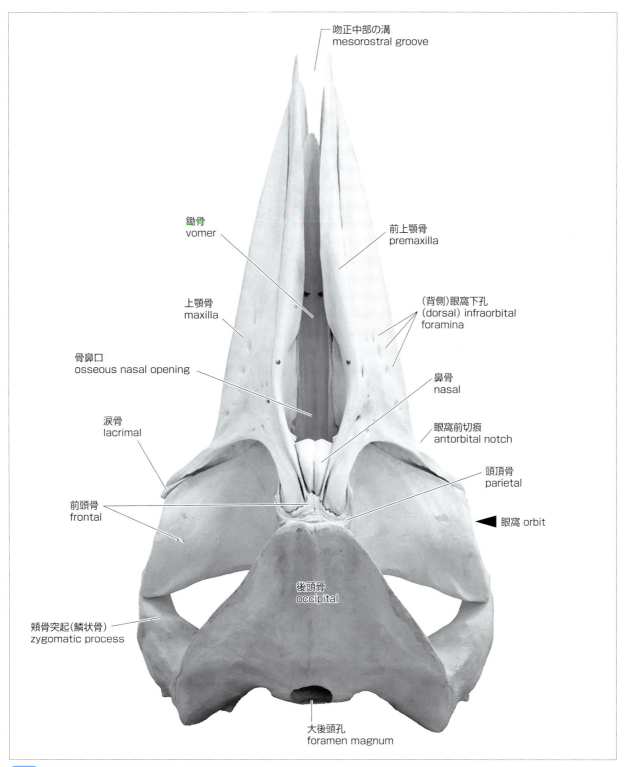

図5 ミンククジラの頭蓋（背面）
現生ヒゲクジラの頭蓋は、後頭部の要素が前方に押し出してくることで特徴づけられる。鼻骨は縮小しているが、骨鼻口の形成にあずかる。前頭骨は背面に広く露出する。

頭蓋底

頭蓋底 base of the skull は外面(下面もしくは腹面)の外頭蓋底(図6)と内面(頭蓋腔内景)の内頭蓋底(図7)に分けられる。これらは同じ部分を単に内と外からみているのではなく、構成骨が異なる。多くの解剖学に関する成書は、ヒト(やイヌなどの四足哺乳類)の外頭蓋底に骨口蓋まで含むが、内頭蓋底は頭蓋腔を構成する骨に限定されている。

外頭蓋底

1. 外頭蓋底の定義

外頭蓋底 external cranial base[*3]は頭蓋の底面をなす構造を指す用語であるが、頭蓋の底面は動物種によって含まれる構造が異なる。ヒトや家畜では口蓋面と basicranium(後述)が頭蓋の底面を構成するが、クジラではそれに眼窩周辺域が加わる。したがって、外頭蓋底という用語をヒトや家畜の構造を基準に用いるのであれば、それと異なる構造を有するクジラの頭蓋底面をこの用語で表すことはできない。

『Anatomy of the Dog』(CRC Press)[4]には、ventral surface of the skull という用語が用いられている。これはある特定の部位を指すのではなく、頭蓋の腹側面を一般的に表す用語であり、限定的に使用できない反面、適用範囲が広い。本書では外頭蓋底を ventral surface of the skull の意味で用いることにする。

2. basicranium

頭蓋底に関連する用語として basicranium というものがある。適切な和訳が存在せず正式な解剖学用語として扱われているわけでもないが、英文文献では頻繁に登場するため、頭蓋底との関係を明らかにしつつ、どの辺りを指すのか領域の特定を図りたい。読者の理解の助けになれば幸いである。

『An Introduction to the Osteology of the Mammalia』(Macmillan)[8]には basicranium という用語そのものは登場しないが、代わりに basicranial part という用語が使われている。これは底後頭骨、底蝶形骨、前蝶形骨からなる部分、つまり内頭蓋底底面を構成する要素(の一部)を指す。basicranium と basicranial part が同じものを指しているとすれば、basicranium の指す範囲もその部分ということになる。

しかし、basicranium が外頭蓋底の後方部分を指していることもしばしばある。Archer らは翼蝶形骨、底蝶形骨、底後頭骨 basioccipital[*4]、鱗状骨、旁後頭突起(外後頭骨)、耳の骨をその構成骨としている[1](イヌの外頭蓋底の区分でいう神経頭蓋部から鋤骨と翼状骨を除いた部分となる)。Churchill らは Archer らのリストに鋤骨、翼状骨、前蝶形骨を加える[6]。しかし、いずれもハクジラの場合には頭頂骨が構成要素のひとつとなっていることを見逃している。Mead らは cranium を神経頭蓋の意味で使っており、その下位項目として basicranium を用いている[11]。

いずれにせよ、basicranium に内臓頭蓋要素が含まれないことは明らかである。要約すると、頭蓋下面(腹面)を指すときの basicranium は外頭蓋底とまったく同義ではなく、より限定的に「おおむね鋤骨もしくは翼状骨より後方の外頭蓋底」を指すといえる。もとより厳密な境界線を引けるわけではなく、鱗状骨の頬骨突起の先端などは鋤骨や翼状骨よりも前方にある。しかし、変形を遂げたクジラの頭蓋においても十分適用可能であり、区分としては実用的な用語といえる。

[*3]:文献によってあてられている英語は異なるが(『獣医解剖・組織・発生学用語』[26]では external surface of base of skull、『骨学実習の手びき』[24]では external base of skull)、実質的な違いはない。

[*4]:相当するラテン語である os basioccipitale は正式な解剖学用語として扱われていないが、英語としての basioccipital bone は現生クジラに関連する英語論文や書籍、比較解剖学関係の文献に頻繁に登場する[14]。basioccipital bone の訳語として『比較解剖学』[24]、『岩波生物学辞典』[28]、『脊椎動物のからだ』[17]で用いられる「底後頭骨」のほかに、『学術用語集動物学編 増補版』[27]の「基後頭骨」、『脊椎動物の進化』[5]の「基底後頭骨」がある(『比較解剖学』[25]では魚類の「底後頭骨 os basioccipitale」を哺乳類の「頭底部」と対比しているが、図26の哺乳類の頭蓋断面図では「底後頭骨」を用いている)。『獣医解剖・組織・発生学用語』[26]にある「底部 pars basilaris」という用語は、『Miller's Anatomy of the Dog』[7]によれば底後頭骨と同義である。『家畜比較解剖図説』[21]では、この部位は「底後頭骨」と表記される。

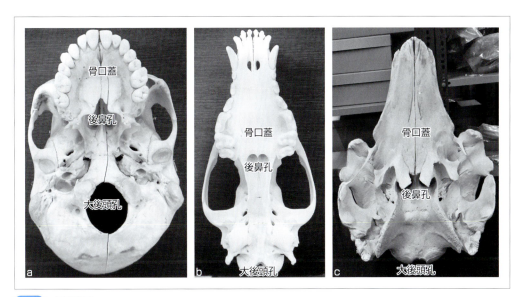

図6 外頭蓋底
a：ヒト、b：イヌ、c：イッカク

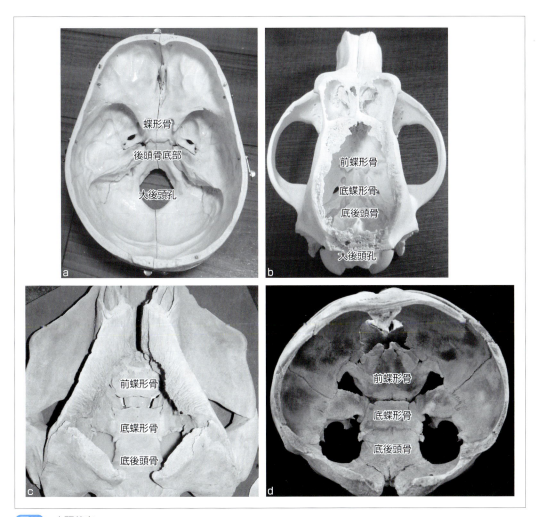

図7 内頭蓋底
a：ヒト、b：イヌ、c：ナガスクジラ科（種は不明）、d：バンドウイルカの幼体

クジラの外頭蓋底

クジラの外頭蓋底がほかの哺乳類のそれともっとも際立って異なる点は、眼窩の領域がみえることである。外頭蓋底は大小各種のくぼみや溝、突起、骨壁が入り組んでいるため、一見するときわめて複雑である。しかし、骨を体系的にみることで理解が容易になる。ここではハクジラを例にとる。

正中部の後方から順にみていくと、はじめに底後頭骨がある。目につくのは広い平坦面とそれを左右から挟む底後頭骨稜 basioccipital crest である。左右の稜は後方ほど広く、前方に向かって狭まり、そのまま翼状骨内側板に連なる形で一連の稜をなし、後鼻孔へつながる。もっとも後方には後頭顆がみえる。底後頭骨の前方には底蝶形骨が続く。底蝶形骨は生後間もなく底後頭骨との境界線が不明瞭になる。翼蝶形骨には卵円孔 oval foramen が開いていて下顎神経(三叉神経の一枝)を通す。その前方には前蝶形骨があるが、通常は鋤骨と翼状骨に覆われていて全貌がみえない。前蝶形骨を観察するには、縫合が緩く頭蓋骨を各縫合部でばらすことのできる段階の幼体の標本が適している。眼窩蝶形骨は視神経管 optic canal を通す主要構成要素であり、眼窩裂 orbital fissure や正円孔 round foramen が隣接する。視神経管は明瞭だが、眼窩裂と正円孔は互いに非常に薄い骨壁で画されているだけで一部がつながっている場合もあり、互いに完全な穴(管)として存在しているとは限らない。

眼窩は後方と背方を前頭骨の眼窩後突起と眼窩上突起に、前方を頬骨-涙骨に、そして腹側を頬骨に囲まれた空間である。視神経の通路である視神経管、その後方に眼窩裂が開口する。視神経管開口部の外側には篩骨孔がある。視神経管前方の口蓋骨には小さな2つの孔、すなわち前方の後口蓋孔 caudal palatine foramen とその後背方の蝶口蓋孔 sphenopalatine foramen が開口する。前者は口蓋面の大口蓋孔(口蓋骨と上顎骨の境界および上顎骨に複数開口する)に通じ、後者は鼻道後外壁の上顎骨と口蓋骨の境界付近に通じる。外頭蓋底の吻基部にある大きい孔は上顎孔(腹側眼窩下孔 ventral infraorbital foramen)で、上顎骨を貫いて頭蓋背面の(背側 dorsal)眼窩下孔として開口する。

翼状骨はマイルカ上科(イシイルカなどのネズミイルカ科を含む)では外側と内側の二重壁構造となっている(後述)。図8のイシイルカの標本では途中から折れてなくなっているが、コマッコウ科を除けば、頬骨は大体どの種でも下に凸の緩やかな弧を描いて鱗状骨の頬骨突起前端付近に関節する。

成長に伴う各骨内の稜や突起の発達は骨同士の境界を曖昧にし、basicranium の構造を理解しにくくする。耳域はとくにその傾向が強く、不規則な小突起や隆起、陥凹、亀裂が複雑に発達し、蝶形骨と頭頂骨の関節の様子を観察しにくくしている。幼体では当該部分が未発達で骨が近接していないため、成長による変化を追跡することで蝶形骨と頭頂骨の縫合パターンを理解しやすくなるだろう。イッカク科は成体でもその部分を比較的観察しやすい(図9)。

第1章 頭の骨

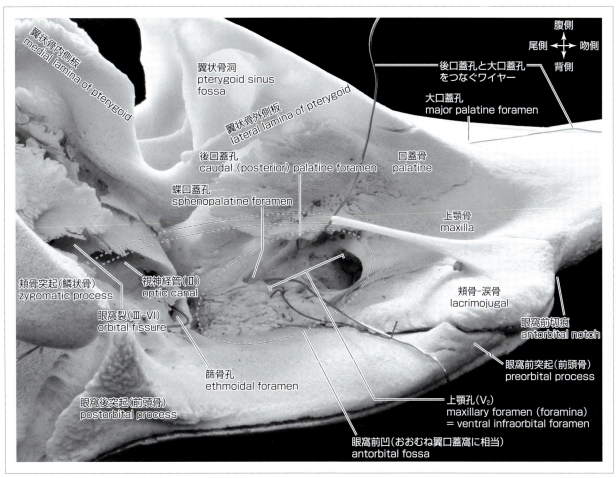

図8　イシイルカの外頭蓋底
亜成体。腹側を上にして外頭蓋底左外側面がみえる。弧を描く破線は、折れてなくなった頬骨のおおよその輪郭を表す。括弧内のローマ数字はそこを通る脳神経の番号を示す。

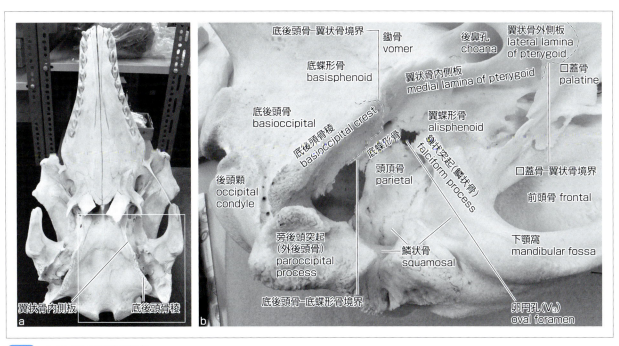

図9　シロイルカの外頭蓋底
a：全体像、b：aで囲った部分の拡大図（右上が吻側）
成体。耳骨は取り除いてある。basicranium をみると、頭頂骨が底蝶形骨と関節する様子がわかる。

耳の骨

クジラの耳の骨は2つの明瞭な要素からできている。脳に近い**耳周骨** periotic とその腹側の**鼓室胞（耳包骨）** tympanic bulla である。鼓室胞と耳周骨のあいだはツチ骨、キヌタ骨、アブミ骨の3つの耳小骨でつながっており、ここが鼓室に相当する。ツチ骨は鼓室胞に癒合し、アブミ骨は耳周骨の前庭窓にしっかりとはまり込んでいることから比較的残りやすいが、キヌタ骨はほかの2つと緩く関節しているだけなので骨標本をつくる際にもっともなくなりやすい（図10）。

たいていのハクジラの耳の骨は頭蓋と骨性の癒合をせずに軟組織だけで接合し、骨標本をつくる過程で容易に分離するなど、哺乳類の基本構造から大きく逸脱している。ヒゲクジラの耳の骨も頭蓋と骨性に癒合していないが、basicranium のいくつかの骨で部分的に囲まれているため、それらを壊さないと取り出せない。

ハクジラの耳周骨と鼓室胞は6箇所で互いに接触している。鼓室胞のS字状突起は耳周骨に軽く触れるだけだが、副小骨は耳周骨と一部癒合することが多く、また外唇の骨壁が薄いため、無理に引き剥がすと折れ、鼓室胞からとれて耳周骨側に残る場合がある。耳周骨には副小骨を収めるための浅いくぼみ（fovea epitubaria）がある。6箇所のうちもっとも強固かつ広範な結合は互いの後突起で起こる。後突起の関節面は一方の溝ともう片方の稜が組み合わさる構造になっており、結合強度が高められている。骨性の癒合が起こることもあり、癒合のはじまる時期や癒合の程度にも個体差がある。残り3つは耳小骨の関節を介する結合（ツチ骨頭-耳周骨、キヌタ骨-耳周骨、アブミ骨-耳周骨関節）であるため、鼓室胞と耳周骨の分離の際に破壊されることはなく、それぞれの骨との関節面は耳周骨の明瞭なくぼみとして認識される。耳周骨と鼓室胞がどちらも壊れずに分離するかどうかは、両者の骨性の癒合の有無（種によって異なる）、あるいは癒合のはじまる時期（個体差がある）で決まる。

ヒゲクジラの耳周骨と鼓室胞は骨性の癒合で結合しており、主な結合部は前方と後突起の2箇所である。後突起は鼓室胞と耳周骨それぞれの後突起が癒合してひとかたまりになっているものであり、新生仔の時点では両者は癒合していない（ただし、ツチ骨基部前方の外唇上での骨性結合は新生仔の段階で完了しているため、耳周骨と鼓室胞を分離するにはその部分の破壊を伴う）。また化石種においては、極端に若くなくても耳周骨と鼓室胞の後突起が癒合せずに分離したままのものも知られている。

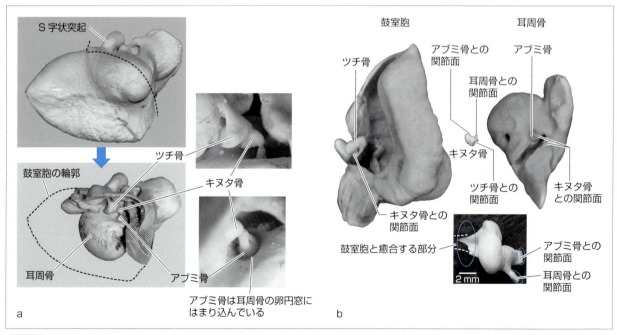

図10 スナメリの耳小骨

a：耳小骨が関節している状態と位置関係を示す。左上の図の破線で鼓室胞を切除すると中耳腔にある耳小骨が露出する。鼓膜に近いほうからツチ骨、キヌタ骨、アブミ骨と並ぶ。
b：鼓室胞と耳周骨を分離したところ。ツチ骨は鼓室胞に癒合し、アブミ骨は耳周骨の卵円窓にしっかりとはまっている。キヌタ骨はいずれからも分離する。中央下にツチ骨のキヌタ骨が関節している様子を示す。

第 1 章 頭の骨

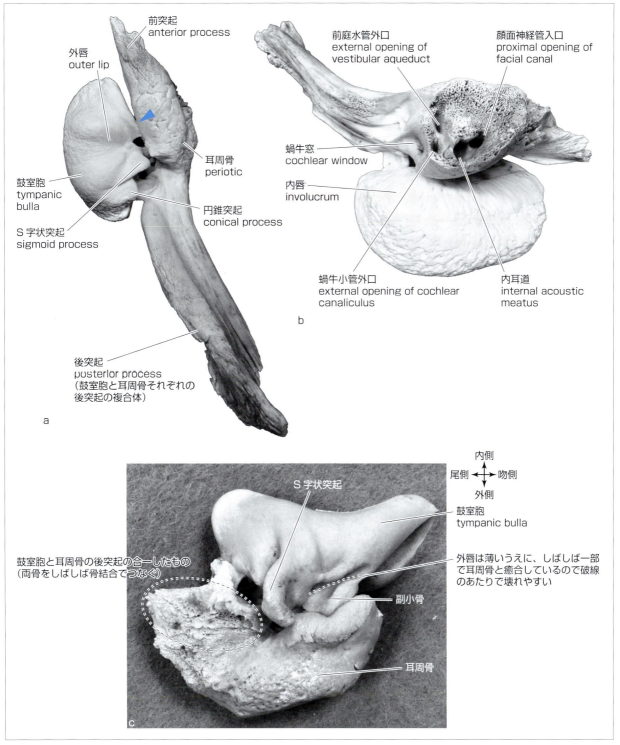

図11 クジラの耳の骨

a・b：ミンククジラ、c：シロイルカ

aの▶は耳周骨と鼓室胞の骨結合の場所を示す。図示していないが、耳周骨と鼓室胞は互いの後突起でも骨結合する。外唇は薄い骨壁、内唇は分厚い骨の塊である。外唇、内唇、耳周骨に挟まれた空間が鼓室で、3つの耳小骨が連なる（写真には写っていない）。

耳周骨

耳周骨は全体がきわめて緻密で重い。ドーム状の**蝸牛部 cochlear portion**、**後突起 posterior process**、**前突起 anterior process**、**鼓室蓋 tegmen of tympanic cavity**の主に4部からなる。このうち生態上もっとも重要なのは蝸牛部である。蝸牛部には聴覚器と平衡器からなる内耳が入っている。耳周骨の腹側には耳小骨との関節面や筋の付着部などの小窩がいくつかみられる。耳周骨には内耳神経と顔面神経が通る孔が開いているほか、蝸牛部には内耳（膜迷路）と脳函内部との連絡口として、蝸牛窓 cochlear window や前庭窓、蝸牛小管、前庭水管などいくつもの孔がある。蝸牛部背側の内耳道は種によって内耳道底までの深さが異なり、スポット的な照明を用いないと内耳道底を観察できないものから通常の室内照明で観察できるものまでさまざまである。ナガスクジラ科の大型種の成体は耳周骨の内耳道が深く狭いため、内耳道底の諸構造の詳細な観察は容易ではない。

図12にハクジラの耳周骨を示す。内耳道底は横稜 transverse crest によって顔面神経管の起点と内耳神経の領域が分かたれ、後者には内耳神経諸枝が貫く小孔が開口する。そのうちラセン孔列 spiral cribriform tract は蝸牛に通じ、それ以外は前庭に通じている。横稜の伸びる方向や明瞭さの程度は種によって異なり、同定する指標は明瞭ではない。

一般的な哺乳類では、耳周骨に開いた前庭神経の一部が通る孔は単孔 singular foramen とよばれる。単孔は前庭神経の一部である後膨大部神経を通し、ヒトや家畜では横稜の腹側にある下前庭野の背側に認められる。これまでの研究でクジラでも同定されてきたが、それがほんとうにほかの哺乳類の単孔と相同であるとはいいきれない。顔面神経管入口に隣接する孔が単孔だとすれば、図12cでは左側の指示線が示す稜が横稜となる。しかし右側の指示線が示す稜も太く非常に明瞭で、これが横稜のようにも思われる。実際、図12cと類似の構造を示す化石種の耳周骨では、顔面神経管入口に隣接する孔を単孔としたうえで、さらにその腹側の稜（図12cでいえば右側の稜）を横稜とする場合が少なからずある。そうすると単孔は常に横稜の腹側にあるわけではないと考えてもよいのかもしれないし、あるいは単孔と同定されている孔が実は単孔ではない可能性も考えられる。もっとも確実なのは外表面の孔から内耳までの経路をたどることであるが、これまで詳しく調べられたことはない。

ヒトでは横稜の背側に、顔面神経野に隣接して多数の小孔が開く上前庭野が認められるが、クジラでは認められない。これまで化石ハクジラのいくつかで単孔とされているものは横稜の背側[*5]にある顔面神経野に隣接しているため、これが変形した上前庭野である可能性について検討する価値はあるかもしれない。現生種、絶滅種を含む広範囲の偶蹄類とクジラの耳周骨の構造を検討した研究[13]でも、横稜と単孔の位置関係に不明瞭な点があり、両者の関係には十分に注意したほうがよさそうである。上前庭野であれば卵形嚢膨大部神経が通り、単孔であれば後半規管の膨大部に至る前庭神経の後膨大部神経が通るはずなので、今後の詳細な研究で明らかになることが期待される。

このような経緯があるため、本書では図12cを除き単孔という名称は用いずに、単に「前庭神経の一部が通る孔」としておく。

前突起は種によって形状がさまざまで、ナガスクジラ科とコククジラ科ではおおむね三角形、セミクジラ科では塊状である。コセミクジラ科では前3科と構造がかなり異なる。蝸牛部の形状や耳周骨全体に対する割合もヒゲクジラ全体が同様の構造をしているわけではなく、ナガスクジラ科とコククジラ科では背腹方向に伸びており、割合が大きい。セミクジラ科では蝸牛部の割合は小さい。

---

*5：クジラの耳周骨はそれだけが頭蓋から分離するためか、蝸牛部を上にして示されることが多い。しかし、ほかの哺乳類と比較するうえでは、蝸牛部を下に向けるのが解剖学的正位となる。本書ではそのような位置関係に基づいた方向指示用語を用いる。

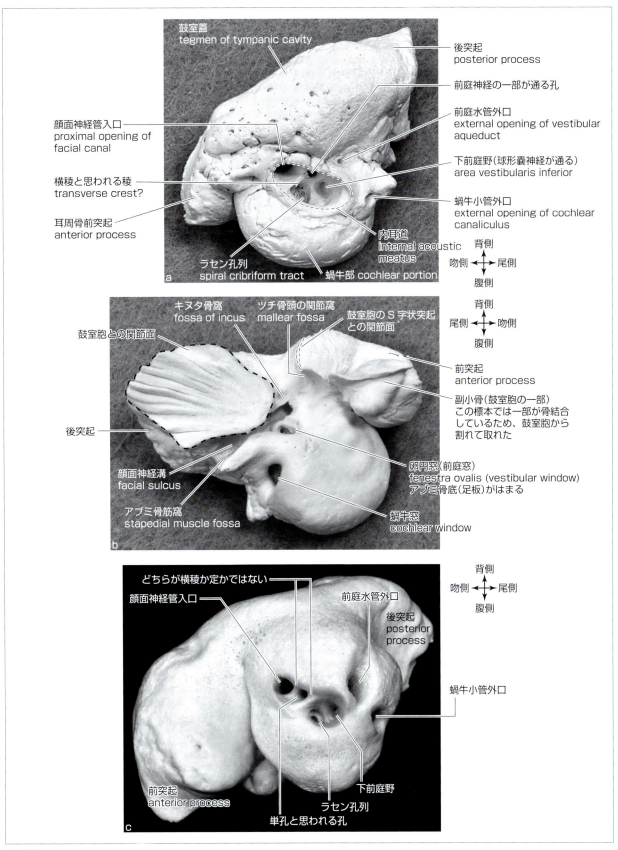

図12 ハクジラの右耳周骨

a：シロイルカ（外側観）、b：シロイルカ（内側観）、c：アカボウクジラ

耳周骨背側は頭蓋内部を向いており脳に面する。つまり、脳神経を受ける開口部がある。腹側は鼓室胞と関節し、両者の間に中耳腔（鼓室）を形成する。

鼓室胞

鼓室胞は外腹側の薄い**外唇 outer lip** と鼓室を挟んで反対側の厚みのある**内唇 involucrum** からなる[*6]。全体がきわめて緻密で重い。外唇にはツチ骨が骨性に癒合しており、柄が多少ねじれつつ背側、すなわち鼓室内部に突き出す。また、外唇にはクジラ特有の **S 字状突起 sigmoid process** がある。この特徴は、パキスタンの 5300 万年前の地層からみつかった陸棲哺乳類（パキケタス）を"最古のクジラ"として認識するうえで有用なツールとなった（「第 3 章　進化」参照）。

1．ハクジラ

ハクジラの鼓室胞は腹側からみると前方に尖っており、後方に 2 つのふくらみがある（図 14a、b）。外唇にはいくつかの突起状の構造がある。前方から順に**副小骨 accessory ossicle**、S 字状突起、**円錐突起 conical process** である。後方にある 2 つの膨らみのうち、より外側のものを**外側後方隆起 outer posterior prominence**、内側のものを**内側後方隆起 inner posterior prominence** とよび、それらのあいだにある溝を**隆起間切痕 interprominential notch** とよぶ。隆起間切痕と後突起のあいだにときおりみられる楕円形の孔は**楕円孔 elliptical foramen** とよばれる。

2．ヒゲクジラ

ヒゲクジラの鼓室胞は種によって形状が異なるが、外腹側からみると、長円形もしくは長方形の骨である（図 14c）。外唇が薄く、鼓室を挟んで反対側が厚みのある構造になっているのはハクジラと同様である。外唇にはハクジラと同様に、前方から順に S 字状突起と円錐突起がある。内外側とも後方隆起はない。そのため隆起間切痕もない。

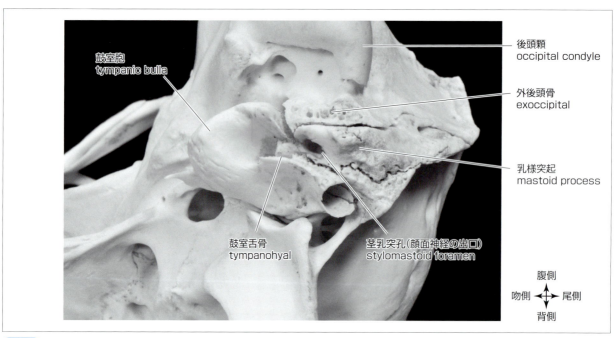

図 13　シカの耳域（参考）

シカの鼓室胞は幼若個体では周囲の骨から半ば独立しているため、一部を壊すだけで分離できる。鼓室胞は鼓室舌骨を囲んでいる。耳周骨は乳様突起で頭蓋に組み込まれている。顔面神経の出口である茎乳突孔がみえる。

[*6]：involucrum の訳語は定着しているものがない。ここでは樋ノ浦[23]に従った。

第1章 頭の骨

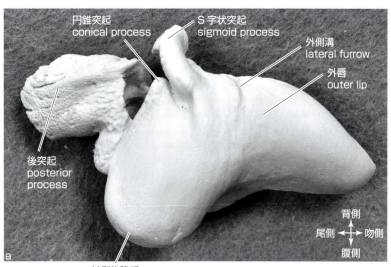

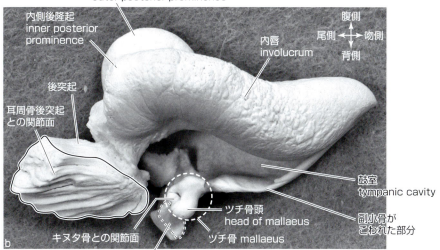

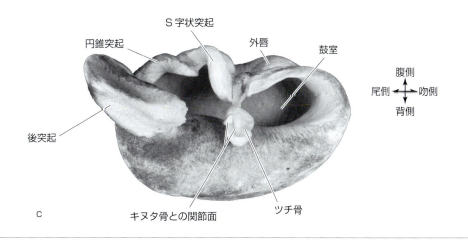

図14　鼓室胞
a：シロイルカの右鼓室胞外側観、b：シロイルカの右鼓室胞内側観、c：ミンククジラ胎仔の鼓室胞
多かれ少なかれ膨らんだ形状で、内部に鼓室を含む。厚みのある内唇と薄い外唇で構成される。

舌骨

舌骨 hyoid[*7]は舌根部の動きや嚥下を手助けする器官で、いくつかの骨格で形成されている（図15）。頭蓋の腹側正中部、喉頭の前下方に位置している（図16）。腹側には扁平な1個の底舌骨 basihyal とその両側に関節して斜め後方に突出する1対の甲状舌骨 thyrohyal があり、背側には頭蓋の旁後頭突起 paroccipital process と関節する1対の棒状の茎状舌骨 stylohyal がある。幼若個体では底舌骨と甲状舌骨は癒合しておらず3つの部分に分かれているが、成長に伴って両者は癒合し、ブーメランのような形になる[9]。ヒトでは底舌骨と茎状舌骨をつなぐように角舌骨 ceratohyoid と上舌骨 epihyoid が存在するが、バンドウイルカ（ハンドウイルカ）をはじめとする多くのクジラでは両者とも骨化しておらず、骨間をつなぐ軟骨と一体化してU字状に折れ曲がった1本の細長い軟骨となっているようにみえる。ネズミイルカ[16]やスナメリでは角舌骨 ceratohyoid が骨化しているが、上舌骨 epihyoid は骨化しておらず判然としない。なお Reidenberg らは、茎状舌骨の近位にある軟骨（頭蓋と関節する）を鼓室舌骨としているが[16]、本書ではその説を採用せず、鼓室舌骨は耳の骨にある小骨と考える。

ハクジラはほかの哺乳類と比較して舌骨が相対的に大きい。これは、ハクジラが行う吸引摂餌に有利な形質と考えられる（**コラム①**参照）。

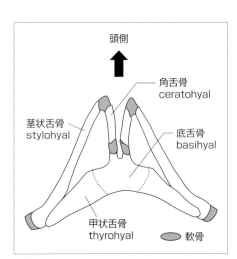

図15 スナメリの舌骨（腹側）

スナメリの舌骨は底舌骨（1個）、甲状舌骨（1対）、茎状舌骨（1対）と角舌骨（1対）で構成されている。幼体では甲状舌骨と底舌骨は癒合していない。マイルカでは角舌骨がなく、茎状舌骨と底舌骨のあいだには折れ曲がった細長い軟骨があるのみである。

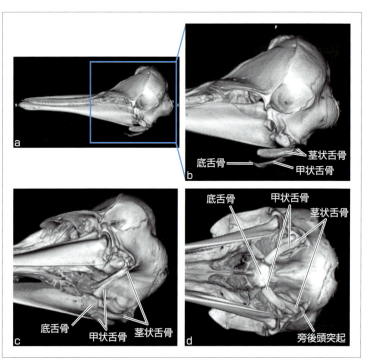

図16 マイルカの舌骨と頭の骨の位置関係

a：頭の骨の全体像（左側観）、b：a の囲みの拡大図、c：左腹側観、d：腹側観
底舌骨、甲状舌骨、茎状舌骨からなる。この個体では底舌骨と甲状舌骨は癒合していない。底舌骨、甲状舌骨は茎状舌骨より腹側にある（b）。茎状舌骨は旁後頭突起に関節する（d）。茎状舌骨と底舌骨のあいだは細長い柱状の軟骨でつながっている。

---

*7：英文の文献などには、複数の骨格で構成される一連の器官を舌骨装置 hyoid apparatus とする表現が見受けられるが、本書では舌骨 hyoid と表記する。

コラム①：ハクジラの舌骨が大きい理由

ハクジラは、頭部の大きさに対する舌骨の大きさの比率がほかの哺乳類に比べて非常に大きい（**図A**）。これはハクジラの摂餌方法と関係が深いと考えられる。

ハクジラは水中の餌を口に入れる際に"吸引力"を使う。種によって吸引力に差はあるが、基本的なメカニズムは同じである。長く幅広い底舌骨と甲状舌骨に付着した大きな筋肉（胸骨舌骨筋）を一気に収縮させることで、茎状舌骨と頭蓋の関節部を中心にして舌骨全体を大きく傾ける。すると口腔底全体が腹側に押し出されて口腔内容量が一気に増大する。その際、口腔内に陰圧が生じて、口角の近くにいる餌生物を口の中に吸い込むことができる（**図B**）。

マッコウクジラやアカボウクジラの吸引力はとくに大きいといわれている。吸引力を生み出すメカニズムはほかのハクジラと同じだが、喉にある2本の溝のおかげで喉の部分をさらに大きく膨らませ、口腔内容量を急激により増大させることができるため、溝のない種類より大きな吸引力を生み出せると考えられる。

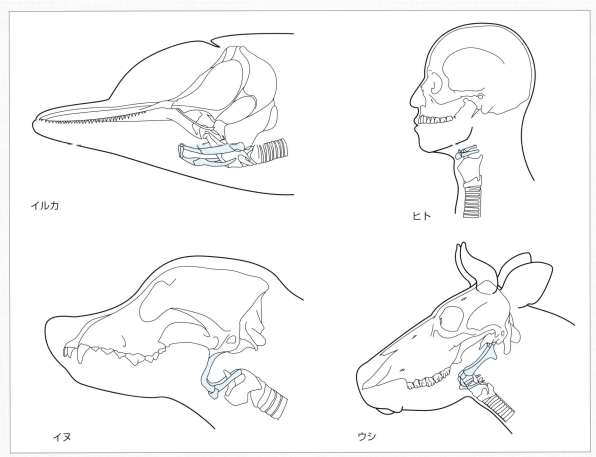

図A 舌骨の比較

（文献7、16をもとに作成）

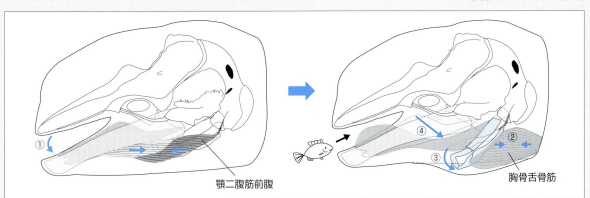

図B ハクジラの吸引摂餌

顎二腹筋を収縮させて下顎を少し開き（①）、胸骨舌骨筋を一気に収縮させて（②）、舌骨を後方に傾ける（③）。それによって口腔容積が増大し（④）、陰圧が生じて餌が口の中に引き込まれる。

吻の骨

1．ハクジラ

（1）構成要素

吻 rostrum は眼窩前切痕より前方の部分を指すことが多い。上顎骨、前上顎骨、鋤骨からなるとする場合と、それらに翼状骨と口蓋骨を含める場合がある。一般的な四足哺乳類では鼻骨が吻の大きな構成要素であるが、現生ハクジラでは頭蓋の変形のため鼻骨が吻に含まれない。上顎の歯はすべて吻部に存在し、眼窩前切痕より後方にはない。例としてマイルカを図示する（図17）。

（2）上顎骨

上顎骨 maxilla は現生ハクジラの頭蓋背側のもっとも広い面積を占める。上顎骨背側（上行突起と吻基部）に開口している複数の孔はほかの哺乳類の眼窩下孔 infraorbital foramen/foramina に相当する。眼窩下孔は眼窩下管の出口であり、その入口は外頭蓋底にある**上顎孔** maxillary foramen*8 である。上顎孔は眼窩前凹の中に開口する。上顎孔付近には涙骨があるため成体では開口部の境界がみえにくいが、上顎骨の中に収まっている。上顎骨のなかでもっとも広く背側に広がるのは**上行突起** ascending process で、前頭骨を広く覆い隠す。上顎骨は吻の腹側でも口蓋面の大部分を形成する。吻の腹側正中基部に口蓋骨の一部（種によって翼状骨前端も）が、中間付近には鋤骨が、先端部には前上顎骨がそれぞれ露出するが、それ以外はすべて上顎骨で占められている。種によっては外側縁にびっしりと歯槽が並び、マイルカ科のなかには上顎だけで50～70本の歯を持つ種もある。一方、アカボウクジラ科の一部の種やマッコウクジラ科、イッカク科などでは歯が限定的な生え方をしていたり、著しく退化していたりする。

（3）前上顎骨

前上顎骨 premaxilla は、mesorostral groove を挟んで左右1対ある幅が狭く前後に細長い骨である。先端に歯槽が1～3つほどある。萌出しない小さな歯が備わっている種もある。頭蓋骨のなかでは耳の骨と並んで緻密にできている。吻基部付近にハクジラを特徴づける形質のひとつである**前上顎骨孔** premaxillary foramen が開口している。1～3つほど開いていることが多いが個体差が大きい。前上顎骨孔は上顎骨背面に複数開口する眼窩下孔系のひとつであり、前上顎骨を上顎骨からはずすと、上顎骨のほぼそれに対応する部位に孔が開いているのがわかる。前上顎骨孔のすぐ後ろの領域にはメロンと鼻（噴気孔）周囲の音波発生器、そしてその調節にかかわる顔面筋群の一部が収まる（「第4章　ハクジラの発声メカニズムに関する解剖学的特徴」参照）。多くの種で前上顎骨のその部分は滑らかでややくぼんでいるか平板状であるが、ネズミイルカ科や一部の絶滅種では隆起している。前上顎骨の後端は頭蓋の左右非相称性が強く現れるところで、右側のほうが左側よりも大抵幅が広く、より後方まで伸びる。

（4）口蓋骨

口蓋骨 palatine は上顎骨や翼状骨に囲まれているため立体的な広がりがわかりにくいが、眼窩陥凹、鼻道、口蓋の構成要素である。上顎骨との境界部に大口蓋孔が認められる。

（5）鋤骨

鋤骨 vomer は吻の伸長に伴い前後に長く伸び、頭蓋正中部の形成に大きく関与する。背側では meso-rostral groove の底を担う。後方では鼻道後壁の腹側を構成する。

（6）翼状骨

翼状骨 pterygoid はハクジラの外頭蓋底の中央に位置する比較的大きな骨である。ほかの哺乳類と比べて相対的に大きく、とくにアカボウクジラ科では相対的にも絶対的にも非常に大きい。そのため腹側観あるいは外側観で非常に目立つ。多くの哺乳類やヒゲクジラでは割合的に小さいため、このサイズの増大はハクジ

---

*8：上顎孔 maxillary foramen は眼窩下管の入口を指す解剖学用語である。しかし、英語圏のクジラの骨学に関する文献では、複数開口した眼窩下孔（眼窩下神経の出口）にあたる構造を指す用語として maxillary foramina が使われたことがあり、日本のクジラの文献でもこれを上顎骨孔と訳すことがあったため混乱しやすい。混乱を避けるため、Mead らは眼窩下孔を指す用語として dorsal infraorbital foramina を用い、上顎孔を示す用語として ventral infraorbital foramen（ただし、ハクジラではこの部位も複数の開口があるため、foramina と表記すべきである）を用いることを推奨している[11]。しかし、ほかの哺乳類との相同性が判明している構造に対してクジラ特有の名称を与えると、煩雑になるうえに進化上の構造変化を追跡しにくくなるため、本書ではほかの哺乳類と同様に、眼窩下管の入口を上顎孔とよんでいる。

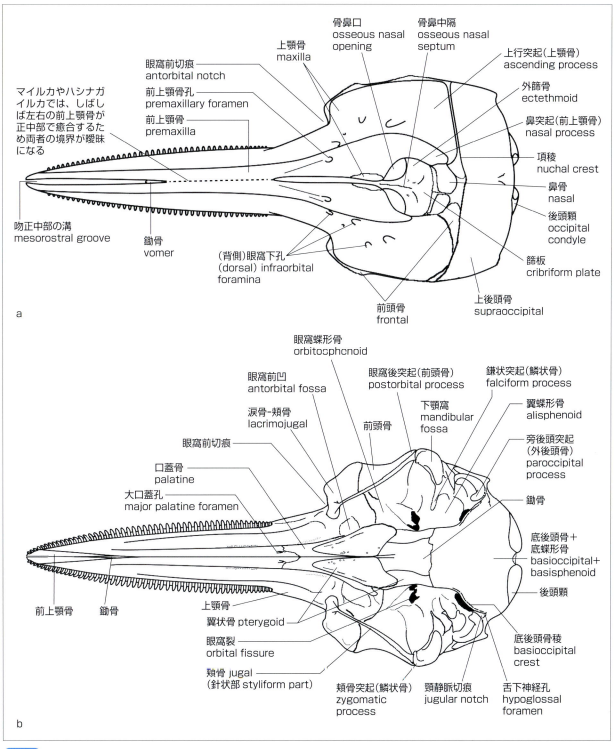

図17 マイルカの頭蓋
a：背側面、b：腹側面
縫合の不完全な幼体でなければ底蝶形骨と底後頭骨の境界線はみえない。なお底蝶形骨と前蝶形骨の境界は開いていることが多いが、通常、鋤骨に覆われていて腹側観ではみえない。

ラにおいて何か重要な機能を果たしていると考えざるをえない。マイルカ上科では外側と内側の二重壁構造となっている。アカボウクジラ科では一重で外側の骨壁はない。クジラの翼状骨外側面のくぼみは軟組織の袋で満たされている。この袋は耳域や眼窩の基部、吻基部など外頭蓋底に広がっており、種ごとにパターンが異なる。これだけ大きな構造なので古くから多くの研究者が注目しており、圧力調節や耳の音響学的な隔離といった説明がなされているが、機能的な意味は必ずしも解明されていない。

2. ヒゲクジラ

(1) 構成要素

吻を眼窩前切痕より前方と捉えると、ヒゲクジラでは上顎骨、前上顎骨、鋤骨が構成骨となる。鼻骨は現生種では種によって眼窩前切痕との前後関係が異なるため、吻に含められるかどうかが一定しない。骨鼻口は mesorostral groove の後端で鼻骨と前上顎骨により形成される。

(2) 上顎骨

背側もしくは腹側からみるとおおむね三角形の骨で、吻の大部分を占める。歯槽孔は口蓋面に開口する孔につながり、ヒゲ板への神経や血管を通す（この孔はしばしば栄養孔 nutrient foramina とよばれるが、誤った表現なのでやめるべきである[*9]）。

ヒゲクジラにも胎仔期に歯胚が形成されるが、ヒゲ板の原基が形成されるとともに歯は成長をやめ、代わってヒゲ板が生じる。それに伴い上歯槽神経はヒゲ板を支配するようになると思われるが、詳細については不明である。眼窩下板 infraorbital plate は前頭骨腹側を眼窩前縁付近まで伸び、口蓋骨外側縁に寄り添う。眼窩下板にはヒゲ板のための裂孔が開口する。

(3) 前上顎骨

mesorostral groove の両側にある。上顎骨との結合はあまり強固でない。ハクジラと異なり前上顎骨孔はないが、コククジラでは前上顎骨に貫通孔や孔になりきらない切痕のある個体がみられることがある。ただし、それがハクジラの前上顎骨孔と相同であるかどうかについては議論の余地がある。というのも、ハクジラの前上顎骨孔は上顎骨の背側眼窩下孔に関連する場所に開口しているが、コククジラではそのような関連がみられないからである。先端には歯槽の痕跡と思しき孔が開いている。

(4) 口蓋骨

口蓋骨は左右1対の板状の骨で、鼻道の外側と底面のほとんどを形成する。形状はおおむね薄板状で単純だが、外頭蓋底のほぼ中央にあって、ヒゲクジラの頭蓋のなかで大きな割合を占める。ミンククジラでは長さが頭蓋全長の5分の1近い。これだけ大きな割合を占めるからには何か重要な機能を担っているのではないかと想像したくなるが、これまでに特別な機能的意義を強調されたことはない。

(5) 鋤骨

鋤骨 vomer は吻の伸長に伴い前後に長く伸び、頭蓋正中部の形成に大きく関与する。背側では mesorostral groove の底を担う。前蝶形骨とともに骨鼻口を左右に分ける。

(6) 翼状骨

翼状骨は口蓋骨の後方に関節している左右1対の骨で、後鼻孔の外側壁の形成にあずかる。翼状骨洞窩 pterygoid sinus fossa を内部に有する。翼状骨洞窩は軟組織の袋で満たされるが、ハクジラと異なり翼状骨以外の外頭蓋底には広がらない。

[*9]：ここでいう栄養孔とは英語文献でしばしば nutrient foramina とよばれる孔（しばしば裂孔状）のことを指す。ヒゲクジラの外頭蓋底の骨口蓋面に開口し、ヒゲ板へ供給される神経や血管の通り道となっている。日本語でこの構造を指す用語はないため訳語をあてざるをえないが、nutrient foramina を訳すと「栄養孔」となる。しかし、栄養孔とは本来骨質および骨髄とつながる動脈や静脈の出入口を指し、骨そのものを養う役目を担っているはずのものである。そのため、骨ではなくヒゲ板を養うための孔に対して栄養孔という名称を用いるのは本来の意味からはずれており間違いであることを知っておくのは重要である。近年は nutrient foramina の代わりに palatal foramina と表記する文献が増えてきたが、palatine foramen と混同されやすいと思われ、また、「口蓋にある孔」という、ヒゲ板との関係を特定しない用語であるため、現段階では「ヒゲ板のための裂孔」といった説明的な言葉を用いざるを得ないだろう。

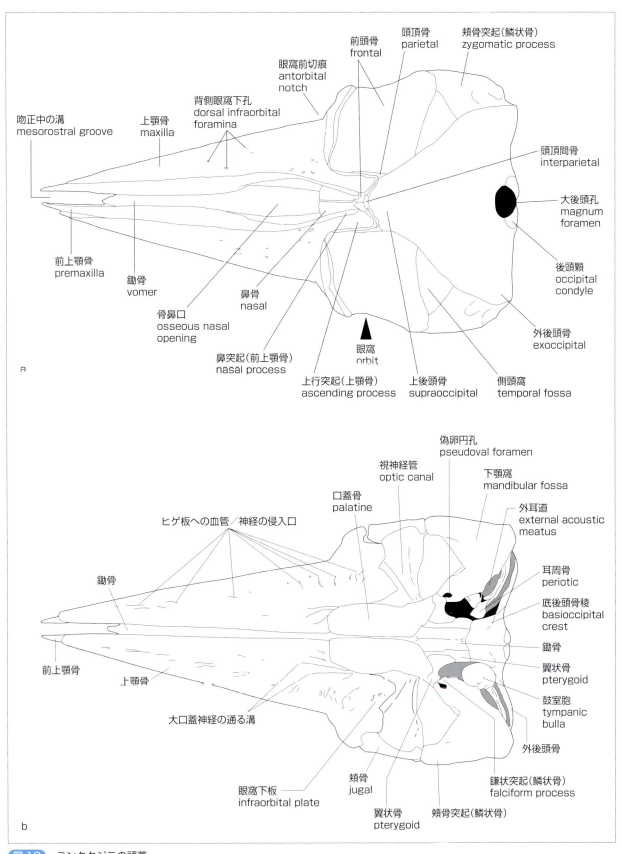

図18 ミンククジラの頭蓋
a：背側面、b：腹側面

脳函を構成する骨

1. ハクジラ

　ハクジラの頭蓋は独特な変形を遂げているため、神経頭蓋と内臓頭蓋の空間的線引きが単純ではない。しかし、脳函 braincase（脳が収まっている領域）を構成する骨を特定することはできる。すなわち前頭骨、篩骨、鋤骨、翼状骨、蝶形骨、鱗状骨、耳の骨、頭頂骨、頭頂間骨、後頭骨である。このうち鋤骨と翼状骨は脳函前壁の一部を構成するが、それらの骨は全体の割合からすればわずかであり、内臓頭蓋として扱うほうが実態に合うと思われることから、「吻の骨」ですでに述べた。

　脳函周囲を外側からみると、直接脳を取り囲む部分ではないが、外に張り出す**頬骨突起 zygomatic process** が目につく。これは鱗状骨 squamosal の一部で、前頭骨、頭頂骨、蝶形骨とともに側頭窩 temporal fossa を形づくる。この空間には側頭筋をはじめとする咀嚼筋群が収まる。初期の種（絶滅種）ほど側頭窩が大きい傾向があり、頬骨突起も長く頑丈である（「第3章　進化」参照）。しかし、多くの現生種では頬骨突起の頭蓋全体に対する割合は大きくない。現生種ではガンジスカワイルカやイッカク科の頬骨突起が比較的大きい。頬骨突起基部腹側には下顎骨が関節する凹み（下顎窩 mandibular fossa）がある。

　前頭骨 frontal は脳函前壁の大部分を構成するが、ハクジラの場合、上顎骨が前頭骨背側のほぼ全域を覆うため、前頭骨の全貌を把握するには、上顎骨が分離する若齢個体を用いて、前頭骨を露出させる必要がある。頭頂骨 parietal は、幼体では脳函を構成する要素のなかで比較的占める割合が大きいが、成長するにつれて相対的に小さくなり、主に側頭窩の内側壁を構成する要素として目立たなくなる。頭頂間骨 interparietal は背側において大きな割合を占めるが、生後ある程度経つと後頭骨と癒合してしまい、境界線がわからなくなる。

　後頭骨 occipital は脳函の後部を背側から腹側まで広く囲む。脳函内部と脊髄の連絡口である大後頭孔 magnum foramen を囲む骨で、上後頭骨 supraoccipital[*10]、外後頭骨 exoccipital[*11]、底後頭骨の3つ（外後頭骨は左右一対なので骨の総数としては4つ）が癒合して形成される。新生仔の段階ではこれら3つの骨が癒合していない場合もある。大後頭孔の左右には半月状の後頭顆 occipital condyle があり、第1頸椎（環椎）と関節する。後頭顆はあまり人目を惹く存在ではないかもしれないが、形や左右の離れ具合、後方への張り出し具合、あるいは頭蓋に対する割合には種ごとにバリエーションがある（「第2章　体幹の骨」参照）。

　篩骨と蝶形骨は記述する点が多いので、周辺の構造と併せて別に扱う。

[*10]：supraoccipital bone は『脊椎動物のからだ』[17]において「上後頭骨」と訳されている。『獣医解剖・組織・発生学用語』[26]にある「後頭鱗 squama occipitalis」という用語は、『Miller's Anatomy of the Dog』[7]によれば上後頭骨と同義である。そのほか同義語とされる用語には、pars squamosa がある[7]。『家畜比較解剖図説』[21]では「上後頭骨」と表記される。

[*11]：exoccipital bones という用語は『On the Archetype and Homologies of the Vertebrate Skeleton』[14]などにみられ、『脊椎動物の進化』[5]、『脊椎動物のからだ』[17]では「外後頭骨」と訳されている。『獣医解剖・組織・発生学用語』[26]にある「外側部 pars lateralis」という用語は、『Miller's Anatomy of the Dog』[7]によれば外後頭骨と同義である。『家畜比較解剖図説』[21]では、この部位は「側後頭骨」と表記される。

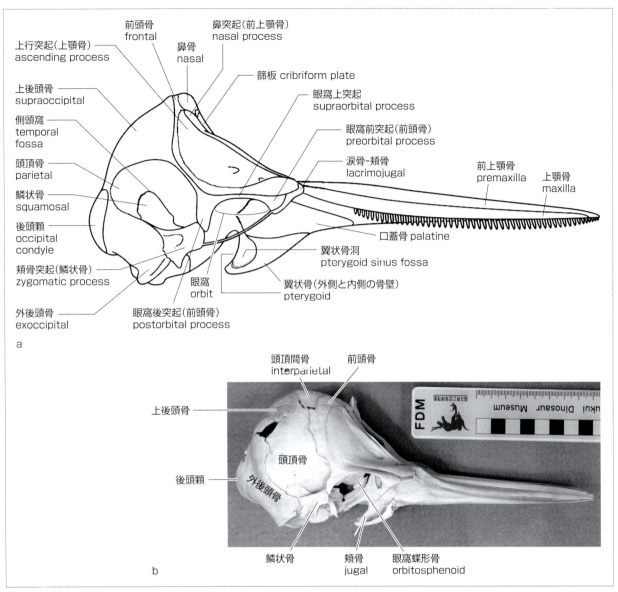

図19 マイルカの脳函（右側）
a：模式図、b：新生仔の頭蓋*
新生仔は成体と比べて、癒合前の各骨の境界が明瞭である（b）。頭頂骨や頭頂間骨など、成体と相対サイズが異なるものがある（b）。
＊：この標本は乾燥時にいくつかの骨に歪みが生じているが、おおむね本来の状態にある。

2. ヒゲクジラ

脳函を構成する骨には前頭骨、篩骨、鋤骨、翼状骨、蝶形骨、鱗状骨、耳の骨、頭頂骨、頭頂間骨、後頭骨がある。鋤骨と翼状骨の扱いはハクジラと同様である。

前頭骨は脳函前壁の大部分と眼窩上縁を構成する。ナガスクジラ科では眼窩の基部が頭蓋頂部からほぼ垂直に降下して明瞭な段差を形成するが、そのほかの種では頭蓋頂部からなだらかに傾斜して眼窩外縁に至る。頭蓋頂部付近で前上顎骨や上顎骨と関節するための前後方向に走る深い溝が幾筋もみられ、正中には鼻骨が関節するくぼみがある。

頭頂骨は脳函側壁を構成する平板状の骨で、多くの種では大部分が側頭窩内にとどまるため、頭頂部の限られた部分と眼窩上突起基部を除いて背側からはみえない。現生ヒゲクジラのなかでは唯一、コククジラの頭頂骨は頭蓋背側に大規模に露出する。また、ヒゲクジラではハクジラと違って頭頂骨が外頭蓋底に露出することはない。

頭頂間骨は、成体では識別できないものや部分的にほかの骨と癒合しているもの、かろうじてそれとわかるもの、あるいはほかの骨と深い間隙で画されていて小さいながらも明瞭に認識できるものまで、個体によってさまざまな状態がある。新生仔においては独立した骨として上後頭骨の腹側にあり、前端部のみが外側に露出し、頭蓋頂部を構成する。

後頭骨は、背側からみるとおおむね三角形で前方に大きく伸び出し、種によっては先端が眼窩よりも前に位置する。

篩骨と蝶形骨については後述する。

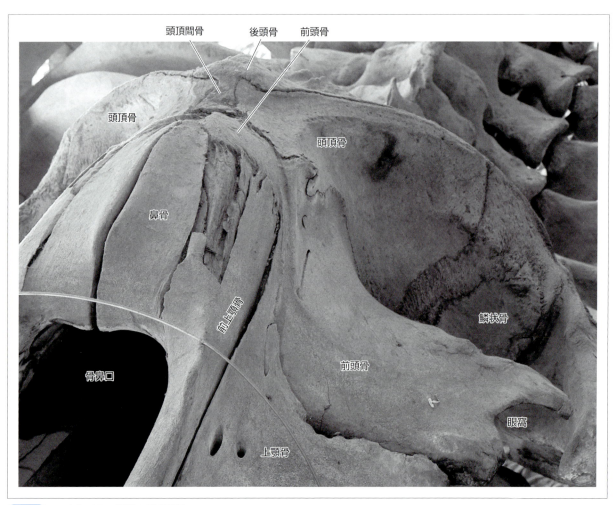

図20 コククジラの頭蓋の脳函領域
左前方観。ナガスクジラ科に比べて頭頂骨が頭蓋頂部に露出し、後頭骨も前方に伸びない。

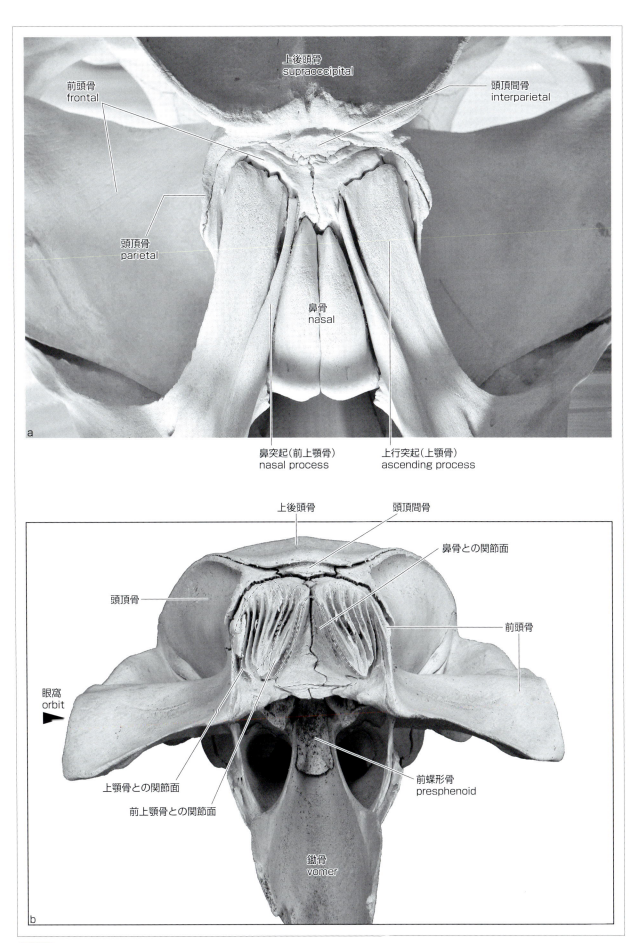

図21　ヒゲクジラの脳函前壁を構成する骨

篩骨

1. ハクジラ

現生ハクジラは鼻道の構造変化が著しく、ほかの哺乳類と大きく異なる。骨鼻口の頭頂への移動に伴い、鼻道は骨鼻口から後鼻孔までほぼ垂直に近くなっている。それにともない篩骨 ethmoid の構造も変化している。

篩板 cribriform plate にはいくつか孔が開いているが、多くの哺乳類のように多数の小孔に貫かれた状態にはない。これはハクジラが嗅神経を欠くか著しく退化しているという一般的な見解と一致する。少数の孔が痕跡的な嗅神経の通り道であるか否かについては議論の余地があり、篩骨神経や終神経が通っている可能性も指摘されている。

外篩骨 ectethmoid（外側塊 lateral mass、篩骨甲介）は、多くの哺乳類にみられるような複雑な構造を呈さず、篩板の両脇に1対の平板状の骨として存在する。腹側を鋤骨と接し、内側で篩板と合し、外側で前頭骨と関節することで篩板とともに鼻道後壁の形成にあずかる。現生するアカボウクジラ科のいくつかの種では、痕跡的な甲介と思しき鉤状の小突起かひだのような構造がみられることがある。ちなみに、2000万年ほど前の化石ハクジラには明瞭な外篩骨と篩板が認められ、鋭敏さはともかく、なんらかの嗅覚を備えていたことがわかる。

哺乳類の鼻道を左右に分ける骨鼻中隔の構成骨は分類群によって異なるようで（図22）、食肉目では頭蓋底を構成する4つの骨（底後頭骨、底蝶形骨、前蝶形骨、中篩骨 mesethmoid）の最前方にある中篩骨が骨鼻中隔となるが、偶蹄目では中篩骨がなく、前蝶形骨が前方に伸長して骨鼻中隔として機能する（ヒトは食肉目と同様である）。

20世紀の前半には偶蹄目と同様に中篩骨がなく、骨鼻中隔は前蝶形骨でできているという見解が提唱された。これは比較解剖学の複数の成書で踏襲されてきたが、鯨類学では長らく顧みられないできた（近年受け入れられているクジラと偶蹄目の関係を考えると、中篩骨がないという解釈には系統学的な整合性があるが）。鯨類学では、次の3種類の骨が"中篩骨"とされることが多い。

第一は、篩板を含む鼻道後壁を形成する骨である。多くの文献が、これをハクジラの"中篩骨"としてきた。しかし、これは明らかにほかの哺乳類の篩板に相当する。一般的な哺乳類の観点からすれば、中篩骨すなわち篩骨垂直板は鼻道を左右に分けるものであっ

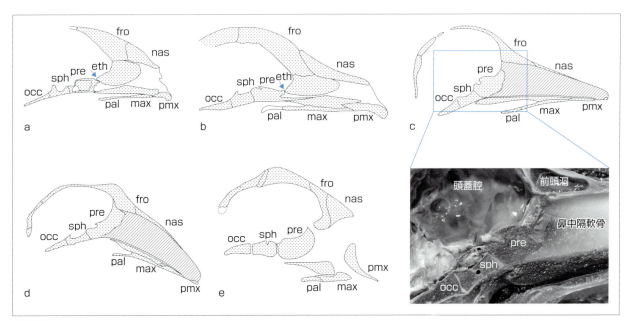

図22 骨鼻中隔

a：ネコ、b：イヌ、c：ウシ、d：ヤギ、e：ゾウ

中篩骨がある分類群（a、b）とない分類群（c〜e）。いずれも頭蓋を正中線で切断した断面に、境界線（縫合）で区切られたいくつかの骨がみられる。a、bでは前蝶形骨と中篩骨のあいだに間隙がある（青矢印）。一方、c〜eでは中篩骨がなく、最前方要素は前蝶形骨でできている。

eth：中篩骨、fro：前頭骨、max：上顎骨、nas：鼻骨、occ：底後頭骨、pal：口蓋骨、pmx：前上顎骨、pre：前蝶形骨、sph：底蝶形骨

（文献2、3、12、18をもとに作成）

て、鼻腔と頭蓋腔を分ける役割は果たしていない。

　第二は、mesorostral groove のもっとも骨鼻口寄りにある骨塊である。軟骨と接触する前面が著しく粗でmesorostral groove が骨鼻口につながっているため、一見、中篩骨のようにみえるが、マイルカの新生仔の頭蓋をみると前蝶形骨であることがわかる（図23）。

　第三は、骨鼻口を左右に分けるように背方に伸びる骨の板である。形状的にも位置的にも中篩骨である可能性はもっとも高い。しかし、ベースとなる正中部の軟骨が付加成長で骨化して背側に伸びるものの、独立した骨化点があるようにみえないため、中篩骨として同定できていない。

　中篩骨を同定できないのは、ハクジラでは頭蓋が変形していることと、観察可能な標本が少なく十分な情報が揃っていないことが理由である。クジラの鼻道後壁の骨化は生後のある時期に急激に進行すると考えられるが、ちょうどそのタイミングにあたり骨化点を正確に数えられる標本はほとんどない。新生仔の段階では結合組織の膜でできているため、骨標本にすると大きな単一の穴になってしまうか、せいぜい乾燥した結合組織が膜状に残るのみになってしまう。成長しすぎてしまっては骨同士の境界がわからなくなってしまう。かろうじて骨同士の境界がわかり、微妙に異なる成長段階にある（と思われる）幼体の標本を複数種から集めてきてその様子をつぎはぎし、全体像をおぼろげにとらえているのが現状である。

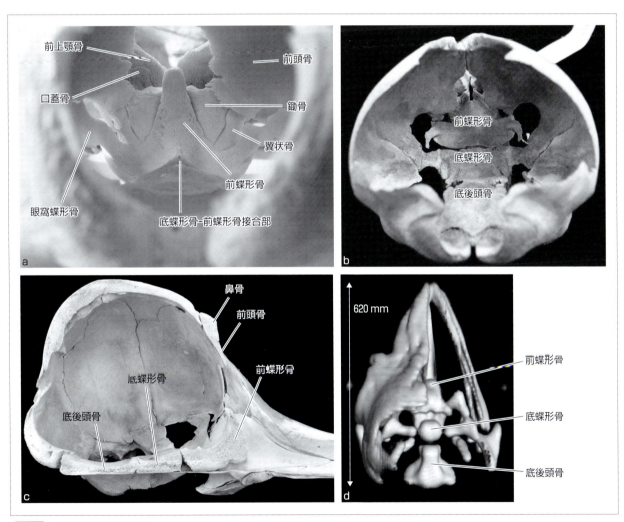

図23 ハクジラの鼻道前壁

a：マイルカの幼体（大後頭孔から覗き込んだところ）、b：イシイルカの幼体（尾側観）、c：バンドウイルカの幼体（右側観）、d：コビレゴンドウの胎仔（CT像）、前蝶形骨、底蝶形骨、底後頭骨から構成されており、中篩骨らしき骨は見当たらない。

2. ヒゲクジラ

　ヒゲクジラには嗅覚に関与する諸構造がみられる。ヒゲクジラにとって嗅覚が生態上どの程度重要であるかは定かではないが、篩板をはじめ、嗅上皮に覆われた外篩骨、すなわち外側塊が発達していることから、嗅覚が機能的であることが推測できる。嗅神経の存在もそれを裏づける。いずれも観察しにくい奥まった場所にあるため破損のない頭蓋では気づかれにくいが、大後頭孔から前方をのぞくと、前壁に小孔がいくつも開いた構造として篩板がみられる。明るいところで観察すれば、篩板の向こう側から漏れてくる光でそれとわかる。外篩骨は前蝶形骨で隠されているため通常はみえないが、正中断した頭蓋もしくは前蝶形骨が未発達の十分若い個体であれば観察可能である。

　ミンククジラでは、偶蹄目と酷似した鼻甲介の成長過程が観察されている。

コラム②：鼻骨の役割

　鼻骨は比較的単純な形状の薄い板状の骨である。多くの哺乳類では吻正中部にあって目立ち、原始クジラでも多くの哺乳類と遜色のない程度に発達していた。しかし、ハクジラでは進化につれて退縮し、頭蓋頂部の前方で前頭骨にはまり込んだ小塊となっている。マッコウクジラ上科では片側もしくは両方ともがなくなっている。一方、ヒゲクジラでは、小さくなってはいるが幅よりも前後の長さのほうが長く厚みもあり、ほかの哺乳類における存在感をある程度残している。ハクジラとヒゲクジラでは、鼻骨にも違いがあるわけである。この違いには、何か理由があるのだろうか。

　考えられるのは、ハクジラが嗅覚をもたないことと関連しているのではないか、ということである。

　ハクジラは進化の過程で嗅覚を失ったが、絶滅ハクジラのいくつかには甲介骨があるため、なんらかの嗅覚を有していたものと思われる。そういったハクジラでは、鼻骨はある程度前後に長かった。哺乳類の鼻骨を取りはずしてみると、内側に甲介骨が寄り添っていることがわかる。鼻骨の一義的な役割が何かは定かではないが、甲介骨がむき出しの状態にならないように保護する役目があるように思われる。ハクジラのように甲介骨が鼻の奥に退縮してしまうと、鼻骨だけが庇のように残ることは合理的でなく、退縮する甲介骨と歩調を合わせて後方へ短くなっていったのではないだろうか。ハクジラでは最終的にまったく甲介骨がなくなったため、その役目を終えた鼻骨は前頭骨に埋まりこむ塊になるほかなかったのかもしれない。対してヒゲクジラには嗅覚があり、小さくても甲介骨が残っている。そのために、それに見合うだけの鼻骨が残っているのではないだろうか。ちなみに、甲介骨と鼻骨の同じような関係はゾウや海牛類にもみられる。ヒトも哺乳類のなかでは嗅覚の弱い動物であり、甲介骨がほかの哺乳類に比べて退化的で鼻骨も小さい。

　この仮説が正しいとすれば、逆に鼻骨の遠位端の位置から、甲介骨の発達程度をある程度推測できるのではないかとも考えられる。甲介骨は薄く脆いため、化石種では正確な形態を把握しにくいことも多い。そのとき、鼻骨を調べることが役に立つかもしれない。そう思うと、鼻骨のように小さな骨の進化にも、奥深さが感じられる。

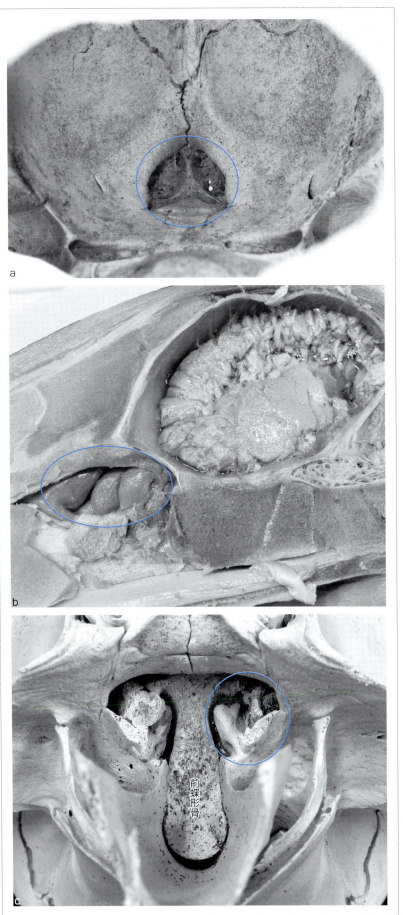

図24　ヒゲクジラの鼻道前壁

a：ミンククジラの鼻道前壁の尾側観（大後頭孔から覗き込んだところ）。囲みは篩板を示す。
b：クロミンククジラ胎仔の頭蓋正中断。囲みは外篩骨を示す。
c：ミンククジラ幼体の鼻道前壁の頭側観。囲みは外篩骨を示す。

蝶形骨

1. ハクジラ

ハクジラの蝶形骨 sphenoid は外頭蓋底のほぼ中央に位置し、翼部の露出度が高く目立つ。蝶形骨はいくつかの部分に分かれ、それぞれ前蝶形骨 presphenoid、眼窩蝶形骨 orbitosphenoid、底蝶形骨 basisphenoid、翼蝶形骨 alisphenoid と独立した名称でよばれることが多い。眼窩蝶形骨は前蝶形骨の翼部、翼蝶形骨は底蝶形骨の翼部である。前蝶形骨は mesorostral groove の後端、すなわち骨鼻口直前にあるが、溝の幅が狭いと観察しにくい。軟骨が付着するため前面が粗面になっている。前蝶形骨と中篩骨の関係については篩骨の項ですでに述べた。耳の骨がはずれた幼若個体の標本では頭頂骨と関節する様子がわかる（鱗状骨と頭頂骨の関節が緩いと、頬骨突起を持ってゆすることで頭頂骨と鱗状骨が区別できる）。新生仔などの幼若個体では底蝶形骨-翼蝶形骨と前蝶形骨-眼窩蝶形骨の区分が明瞭であるが、成体では底蝶形骨と前蝶形骨の接合部以外は蝶形骨の要素同士、また前頭骨などの周囲の骨と癒合し境界が不明瞭になる。マイルカ上科の外頭蓋底の複雑さは、翼状骨外側板や耳域を除けば、蝶形骨翼部にある溝や稜、薄い骨壁や大小の孔に負うところが大きい。

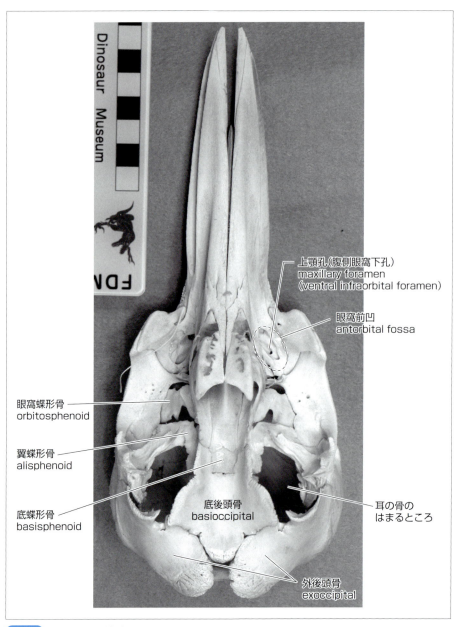

図25 マイルカの蝶形骨

蝶形骨の境界部は、成体では蝶形骨同士あるいはほかの周囲の骨と互いに癒合しているためみえにくいが、幼体では明瞭である。

2. ヒゲクジラ

ヒゲクジラでは蝶形骨が内頭蓋底の主要構成要素であるが、外面の露出は限られている。頭蓋の外側からは一部がみえるだけで周囲の骨との関係性がわかりにくく、独立した骨としての立体構造を想像しにくい骨のひとつである。側頭窩内に前頭骨、頭頂骨、鱗状骨、翼状骨のすべてかそのうちのいくつかのあいだに埋もれるようにして翼蝶形骨の一部がみられるが、種や個体によってみえる程度はさまざまである。ときには同一個体でも左右で異なることがある。ただし、ザトウクジラでは通常、翼蝶形骨は側頭窩に露出しない。翼蝶形骨は、耳の骨を basicranium からはずしたときにみえる空隙の前壁にもその一部がみえるが、縫合線のはっきりした幼体以外では周囲の骨との境界がきわめてわかりにくい。底蝶形骨は頭蓋腹側の鋤骨と底後頭骨のあいだに露出するが、幼体の比較的早い段階で底後頭骨と癒合してしまい、縫合線がほとんどみえなくなる。腹側を鋤骨に覆われた底蝶形骨の前方部分は前蝶形骨と軟骨を介して結合するが、この境界部は場合によっては終生閉じずに軟骨が残り、開いたままであることもある。前蝶形骨は外観上大きな塊としてもっとも目立つ骨で、mesorostral groove の後端、すなわち骨鼻口内部にみえる。軟骨が付着するため前面が粗面になっている。鋤骨とともに骨鼻口を左右に分ける。

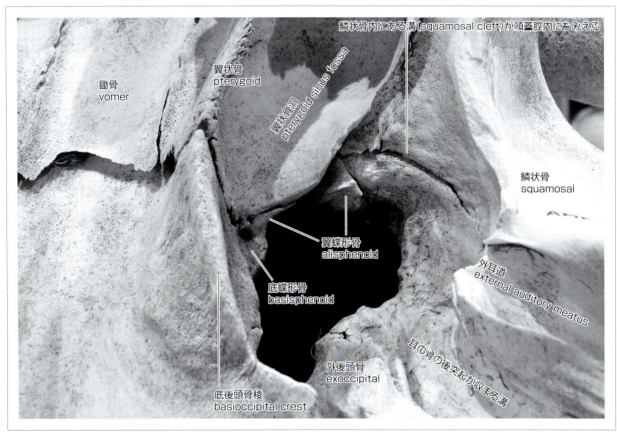

図26 ミンククジラの蝶形骨（basicranuim の左側をみる）
ヒゲクジラの蝶形骨はほかの頭蓋骨に囲まれ、ハクジラと比べて露出は限られている。側頭窩に翼蝶形骨の一部がみえる以外は、外頭蓋底にわずかにみえるのみである。ただし、耳の骨をはずさないと実質的に観察できない。

頬骨と涙骨

1. ハクジラ

ハクジラでは涙骨 lacrimal の背側は上顎骨に広く覆われる。アカボウクジラ科を除くハクジラでは、頬骨 jugal と涙骨が互いに癒合している(lacrimal-jugal, lacrimojugal とよばれる)。マイルカ科やネズミイルカ科にみられる細い針状部 styliform part が頬骨であろうことに異論はないと思われるが、両者の正確な境界を定めることはできない。コマッコウやマッコウクジラでは針状部がないため、両者の区別はさらにつきにくい。針状部は華奢なため骨標本作製時にしばしば折れる(「第5章 骨標本作製法」参照)。

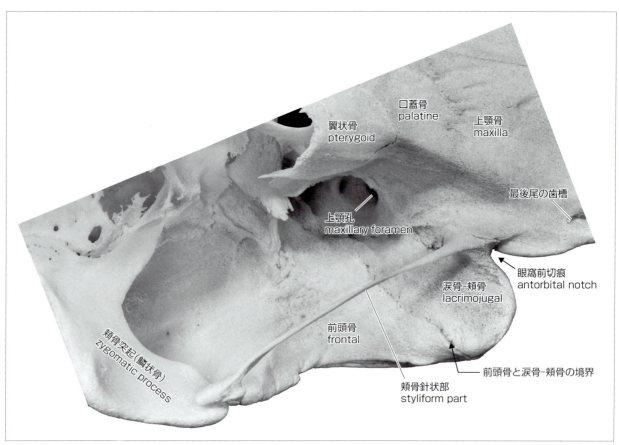

図27 スナメリの頬骨-涙骨
スナメリの左外頭蓋底の一部。癒合した涙骨と頬骨を示す。

2. ヒゲクジラ

ヒゲクジラでは涙骨と頬骨は互いに分離しており、ほかの骨とも強固な関節で結合していないため、注意しないと骨標本製作過程でなくなることがある。涙骨は前頭骨の眼窩上突起前縁腹側と上顎骨背側のあいだにくさび状に挟まっている。頬骨は眼窩の腹側縁を構成し、上顎骨と鱗状骨頬骨突起先端のあいだを結び、腹側に凸の弧を描く。頬骨は相対的にハクジラよりも頑丈なつくりになっている。

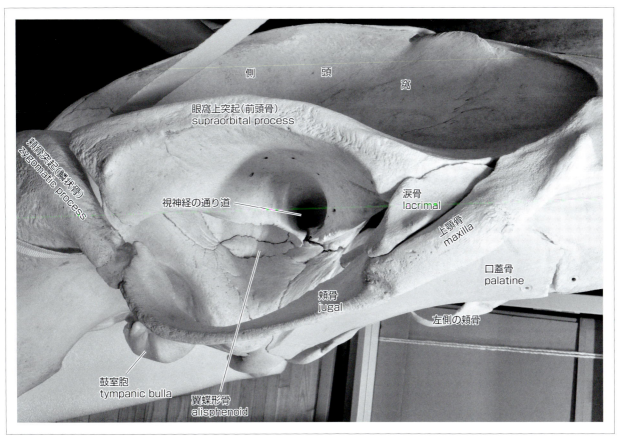

図28 ミンククジラの頬骨-涙骨
ミンククジラの頭蓋右側。涙骨と頬骨は互いに分離している。涙骨は前頭骨と上顎骨のあいだにはまりこんでいるだけなので、白骨化した遺体ではなくなっていることが多い。

下顎骨

1. ハクジラ

ハクジラの下顎骨 mandible は後方が高く前方に向かって細くなり、側面からみると全体が細長い三角形である。下顎枝と下顎体の区別は不明瞭である。さらすと前端で分離するが、ときに骨結合で左右が結びついている。結合部はスナメリ、シロイルカ、コマッコウ、シャチのような短吻型の種では短く、アカボウクジラ科は比較的長い。マッコウクジラやいわゆる"カワイルカ類"[*12] のように極端に長い（下顎骨全長の3分の2以上を占める）結合部を持つ種もある。オトガイ孔 mental foramina は複数開口するのが一般的である。

下顎骨の内側（舌側）で下顎孔 mandibular foramen にあたる部分は大きく開口しており、下顎骨の後方部分は外壁の薄い骨で構成されている。この部分はしばしばパンボーン pan bone とよばれる。脂肪の塊が付着しており、エコーロケーションの際の超音波受信において重要な機能を担っていると考えられているため、**音響窓 acoustic window** ともよばれる（「第4章 ハクジラの発声メカニズムに関する解剖学的特徴」参照）。

下顎骨後方背側にある小さな突起は筋突起 coronoid process で、側頭筋などの咀嚼筋が付着する。下顎骨後端にある半球状の突出は関節突起 mandibular condyle で、鱗状骨頬骨突起腹側にある関節窩と関節する。下顎角は明瞭で咬筋などが付着する。原始クジラや初期のハクジラ・ヒゲクジラは筋突起が現生種よりもずっと大きく、頭蓋に矢状稜が発達していることから、噛む力が強かったことがうかがわれる。

2. ヒゲクジラ

吻の形状に合わせて前後に長く、頭丈で丸太のような外観を呈す。シロナガスクジラの下顎骨は、単一の骨としては脊椎動物史上最大である。種によって程度の差はあるが、ほぼ全長にわたって外側に湾曲している。なかでもミンククジラは湾曲の度合いが著しい。先端から筋突起手前まで下顎体外側（頬側）面は基本的に凸で内側（舌側）面は扁平なため、横断面はアルファベットのDのようになる。筋突起はおおむね三角形で、下顎体の垂直軸に対してやや外側に反り返り、先端は頭蓋の側頭窩内に収まる。ナガスクジラ科ではよく発達しているが、コククジラ科、セミクジラ科、コセミクジラ科では弱い隆起程度で発達が悪い。下顎骨先端には左右の下顎骨が結合組織で結びつく結合面があるが、先端のみで合一し、広い面同士が互いに向き合うことはない。下顎骨にある孔は限られており、外側面に複数のオトガイ孔が規則的に前後に並び、上縁に歯槽の痕跡がある。後部内側に下顎孔がある。下顎孔はハクジラに比べると相対的に小さい（ただし、化石種では下顎孔が大きく開口している種もある）。外壁が薄くなっておらずパンボーンを形成しない。下顎骨下縁はナガスクジラ科では鋭い稜になっている。下顎頭は単純な半球状だが、鱗状骨との下顎関節には軟組織が存在し、そのことが顎の開閉メカニズムの解明を難しくしている。

ヒゲクジラの上あごは背側に湾曲し、下あごは外側に湾曲するため、口腔容積は著しく大きい。その傾向はセミクジラ科でとくに顕著で、大きく背側に湾曲した上あごに対し下顎骨はかなり下に位置し、噛み合わせたときに口が閉じるために"下唇"が高い。ナガスクジラ科では上あごの湾曲度合いはセミクジラ科よりも小さく、下顎骨の湾曲もある程度上顎骨下縁に沿う。しかし、交連されているいくつかの標本で、上顎骨下縁の湾曲とほぼ同程度になるまで下顎骨を内旋してあるのをそのまま信じるのは早計である。セミクジラ科ほど高くはないがナガスクジラ科にも"下唇"があり、その厚みを考慮すると上顎骨の凹湾曲と下顎骨の凸湾曲が同じになるとは思われず、さらに湾曲を同じにすると筋突起が内側に傾きすぎ、解剖学的に合理的でないからである。下顎骨をそれほど内旋させずに筋突起を垂直に立てると上あごと下あごのあいだにある程度の空隙ができるが、唇の厚みを考慮すれば合理的であるように思われる。

[*12]: "カワイルカ類 river dolphin" とは、淡水の河川に生息し、かつマイルカ上科に属さないものを指す（ただし、ラプラタカワイルカは沿岸性）。複数の科が認められ、歴史的にはそれらが1つの上科（カワイルカ上科）にまとめられていたが、系統解釈上単系統性を否定され、あるものは別の上科に入れられ、あるものはそれ単独で上科をなすなどの再構成が行われた。しかし、形態上互いに似ていることは否定できないため、同系統であるとの見解があらためて出されては、別の研究で収斂とされるなど、いまだに分類が落ち着いていない。

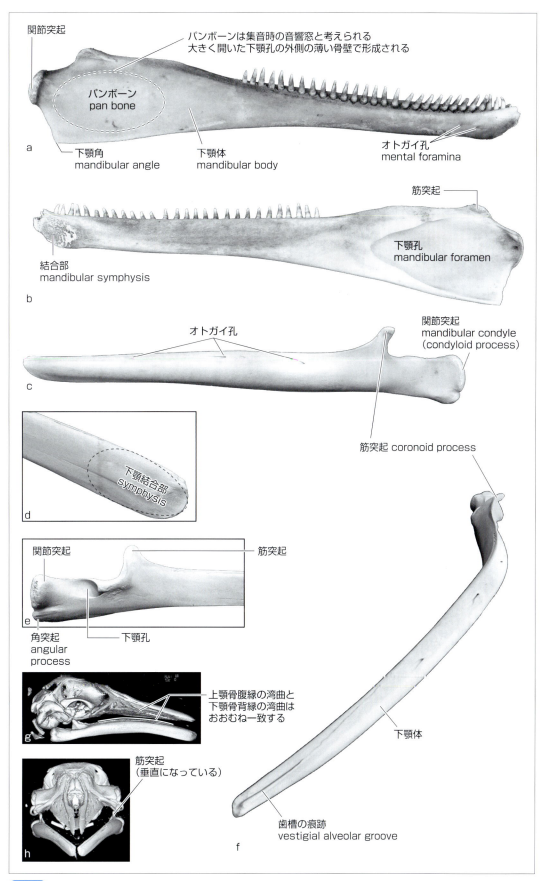

図29　クジラの下顎骨

a：カマイルカ外側観、b：カマイルカ内側観、c：ミンククジラ外側観、d：ミンククジラ先端部内側観、e：ミンククジラ後部内側観、f：ミンククジラ前外側観、g：ミンククジラ胎仔の頭部（CT 右側観）＊、h：ミンククジラ胎仔の頭部（CT 吻側観）＊

＊：gとhはともに口を閉じた状態で撮影。

歯

　歯は骨ではないが、ハクジラを特徴づける硬組織であることからここで述べる。現生ハクジラの歯は数や形が多様である。マイルカ科は基本的に円錐形・同形歯・多歯である。ネズミイルカ科は同形多歯であるが、歯冠が膨らんでいて尖らない。アカボウクジラ科は、雌雄差があるものの下顎前方に側方に扁平な歯を1〜2対のみ持つ（タスマニアクチバシクジラだけはアカボウクジラ科のなかでは例外で多歯である）。そのほか、上あごの歯が萌出せず下あごの歯だけが外に露出するマッコウクジラ、前歯と後歯で歯冠の形状が異なるアマゾンカワイルカやガンジスカワイルカ、3mに達する槍状の犬歯が吻の皮膚を突き破って前方に伸びるイッカクなど、多彩な顔ぶれが揃う。ハクジラの現生種は一生歯性であるが、原始クジラでは二生歯性のものが知られている[19]。

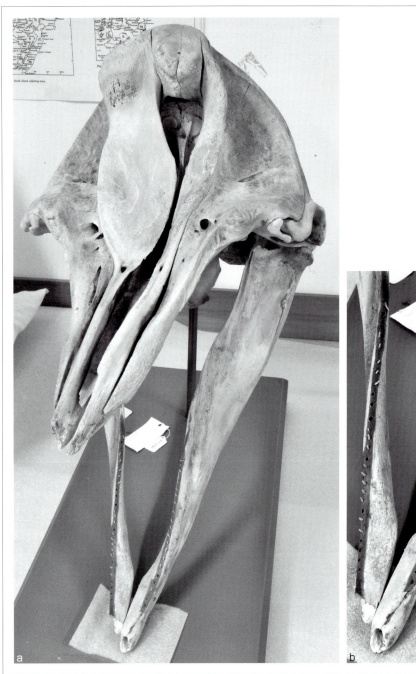

図30　アカボウクジラの幼体の頭の骨
下あごに細い針状の歯があることがわかる。この標本は歯槽を人工的につくってあり、また何本か歯が欠けているので正確なことはわからないが、少なくとも幼若個体に歯が存在することを示すよい例である。

第 1 章　頭の骨

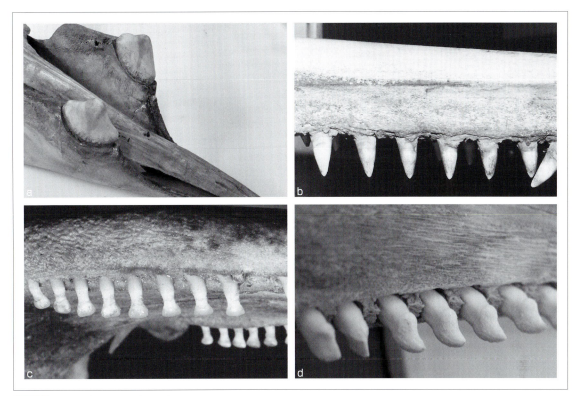

図31　さまざまなハクジラの歯
a：コブハクジラの下顎歯、b：シワハイルカの上顎歯、c：スナメリの上顎歯、d：ヨウスコウカワイルカの上顎歯
種によって歯の数や形態はさまざまである。

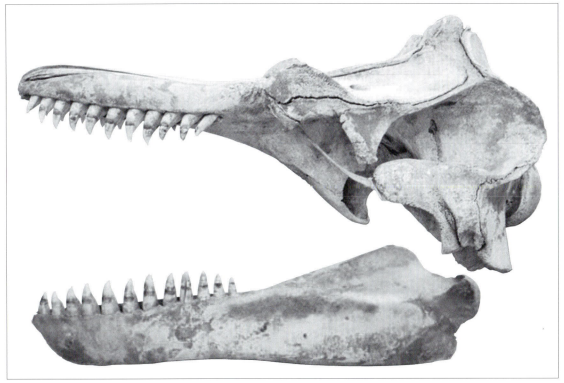

図32　シャチの歯
シャチの頭の骨（左側面）。鋭く頑丈な歯が並ぶ。上あごと下あごの歯同士がこすれ合い、歯の側面が削れることもある。シャチの歯は通常の空気中の保管の仕方ではひび割れて砕けることが多い。

ヒゲ板

ヒゲクジラを特徴づけるヒゲ板は、脊椎動物のなかでも独特の器官である（「**コラム③**」参照）。ヒゲ板がクジラの進化史上いつ頃どのような形で現れたかは今のところはっきりしないが、少なくとも原始クジラからヒゲクジラへ移行する際には歯を持つ種類がいたことがわかっている（「**第3章　進化**」参照）。現生種でも胎生期のある時期に歯胚が形成されることが知られており（図33）、ヒゲクジラにかつて歯があったことを示すよい証拠となっている。ヒゲ板はケラチンでできており骨に類する硬組織ではないため、解剖学的構造については本書では詳しく述べない。

図33　クロミンククジラの歯胚
将来ヒゲ板が生える領域の外側に歯胚がある。ここでは一断面だけを示しているので歯胚が1つしか示されていないが、いくつかの歯胚が前後に認められる。

コラム③：ナガスクジラのヒゲ板の役割

　ヒゲクジラの上顎には、三角形の板状のヒゲ板が片側に約150〜350枚ずらっと並んでいる（種によってヒゲ板の数は異なる）。各ヒゲ板の先が何本にも分かれており、あたかも太いヒゲのようにみえることから"鯨ヒゲ"などと称される。口蓋の粘膜の盛り上がりでできるひだ（横口蓋ひだ、**図A**）が変化したものであるという説もあるが、本書では歯肉の一部（**図B**）が変化したものであるというHowellの説に同意したい。

　一般にヒゲクジラの摂餌方式には、①コククジラのように海底の泥や砂ごと底生生物を吸い込み、漉しとって食べる「掘り起こし型」、②ナガスクジラ科のように、餌と海水を一緒に口に含み、餌だけを漉しとって食べる「飲み込み型」、③セミクジラのようにくちを開けて泳ぎ、入ってくる海水から餌を漉しとって食べる「漉しとり型」の3つがあるといわれている。ここでは、②の「飲み込み型」について考えてみたい。

　「飲み込み型」の摂餌方式は従来、次のように説明されてきた。ナガスクジラ科には、下顎から顎、腹にかけて畝とよばれる蛇腹構造がある。これを広げることで顎から腹を大きく膨らませ（まるでオタマジャクシのような体形になる）、餌と海水を大量に口に含む（**図C-a**）。それから舌を持ち上げてヒゲ板の隙間から海水だけを押し出す（**図C-b**）。餌はヒゲ板のヒゲ部分に引っかかり、その後なんらかの方法でヒゲ板からはずれ、嚥下される。

　しかし、この仮説にはいくつかの疑問点が残る。第一に、餌が大量にヒゲ板に引っかかっている様子が観察されたという報告はみたことがない（もちろん、ほんの少しの餌の一部やごみが引っかかっているのは観察されている）。第二に、ナガスクジラ科の舌は一般的な哺乳類の筋肉質な舌とはかなり様子が異なり、内部はほぼ中空で（**図D**）水を押し出すような力はない。第三に、クジラの胃の中に食べた小魚などが頭を後方に向けて整然と並んでいることが観察されているが、ヒゲ板に引っかかった餌をどのように嚥下すればそうなるのかわからない（それ以外にも探せば疑問点はみつかる）。

　図Eのクロミンククジラの口腔をみると、ヒゲ板に餌は引っかかってはいない（これら個体が捕獲時に摂餌していなかった可能性もあるが）。そして、舌は形をなさないほど柔らかく、口腔の奥に落ち込んでいる（**図E-a**）。ここでヒゲ板の並びと、その後端にある小さな穴（喉の入り口）に着目してほしい（**図E-b**）。WerthとItoはこの形をポテトスクープと紙パックになぞらえた[20]。ポテトスクープとは、ハンバーガーショップなどでフライドポテトを集めて紙パックに入れるときに使う道具である。バラバラに置かれたポテトをかき集めて整然と紙パックの中に詰め込むことができる。おそらく、それと同じことがクジラの口の中で起こっているのではないかと考えられる。ナガスクジラは餌と海水を口いっぱいに頬張って畝を縮める。そうすると、海水は主に口角付近から、ヒゲ板とヒゲ板の隙間を通って外へ吐き出され、餌はヒゲ板のラインに沿って喉の方向に流れる。そこで喉の入り口にある小さな穴の筋肉（口蓋舌筋）を緩めれば、整然と並んだ餌は穴の中に入り、嚥下されることで食道へ入ると考えられる。ヒゲ板は海水を漉して餌をからめとるフィルターではなく、餌を喉のほうへ導くガイドラインと考えたほうがその機能をよりうまく説明できよう。

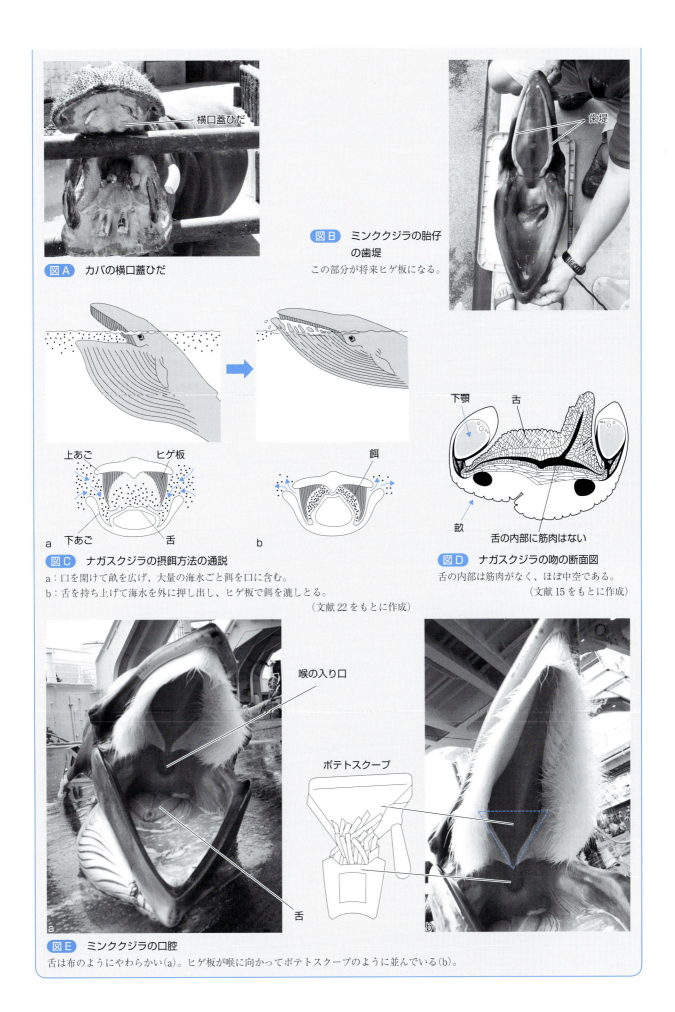

図A　カバの横口蓋ひだ

図B　ミンククジラの胎仔の歯堤
この部分が将来ヒゲ板になる。

図C　ナガスクジラの摂餌方法の通説
a：口を開けて畝を広げ、大量の海水ごと餌を口に含む。
b：舌を持ち上げて海水を外に押し出し、ヒゲ板で餌を漉しとる。
（文献22をもとに作成）

図D　ナガスクジラの吻の断面図
舌の内部は筋肉がなく、ほぼ中空である。
（文献15をもとに作成）

図E　ミンククジラの口腔
舌は布のようにやわらかい（a）。ヒゲ板が喉に向かってポテトスクープのように並んでいる（b）。

種による違い

本章では主にマイルカを例にハクジラの骨を解説したが、種によりみえ方が異なるため、ここでコマッコウ(コマッコウ科)、コブハクジラ(アカボウクジラ科)の図を示す。

1. コマッコウ科

コマッコウとオガワコマッコウを含むコマッコウ科は、ハクジラのなかでも頭蓋の構造が特異である。外観上もっとも目立つのは、頭蓋背面の深い椀状のくぼみ(supracranial basin)と著しい左右非相称性であろう(左右の骨鼻口のサイズ差によく表れている)。

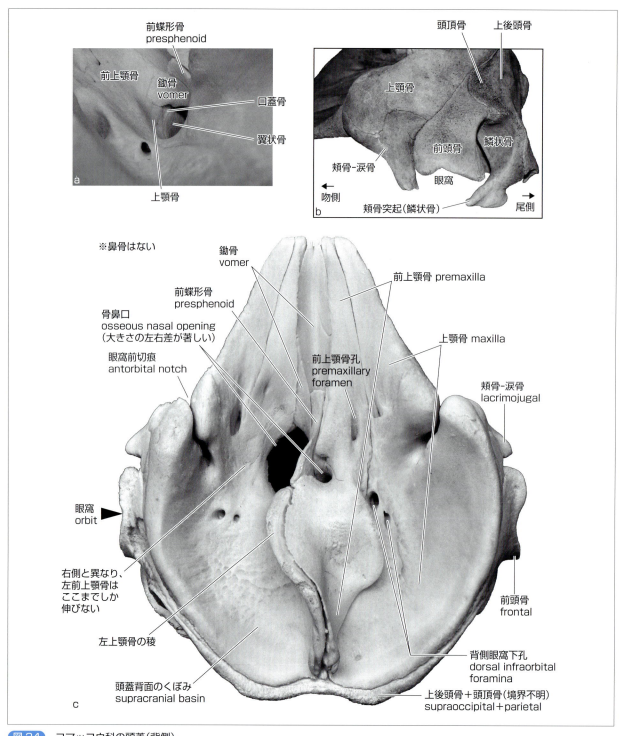

図34　コマッコウ科の頭蓋(背側)
a：左骨鼻道前壁を後背側からみた様子、b：左側面を斜め上からみた様子、c：全体像

第1章　頭の骨

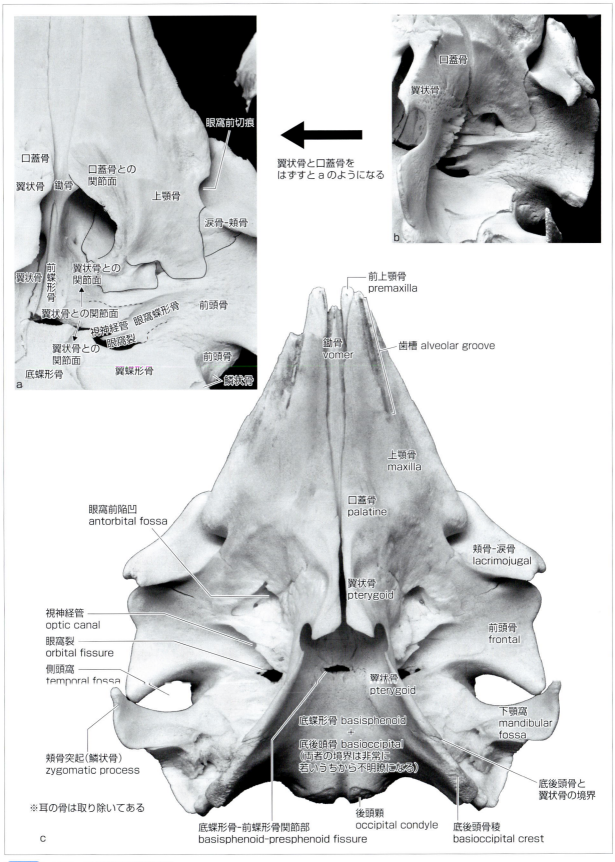

図35　コマッコウ科の頭蓋（腹側）
a：幼体の頭蓋の一部（翼状骨、口蓋骨をとりはずしてある）、b：翼状骨、口蓋骨のついた状態、c：全体像
幼体ではいくつかの骨を縫合部で分離可能である。分離できなくても縫合線がわかる（a、b）。

2. アカボウクジラ科

　アカボウクジラ科は遠洋性かつ深海で摂餌をするため人間との接触頻度が極端に少なく、馴染みのあるクジラとはいえない。しかし現生ハクジラのなかでも大きなグループをつくり、科を構成する種数でいえばマイルカ科に次ぐ大所帯である。サイズも概して大きい。頭蓋の特徴としては以下のものがある。

- 頭蓋頂部が周囲よりも顕著に高い。
- 雌雄差が顕著な種では雄の頭蓋の隆起やくぼみが目立つ。
- 吻の幅が狭く背腹に高い傾向がある。
- 吻が緻密でコブハクジラでは非常に重い。
- 翼状骨が相対的に大きい。
- 歯数が減少し形状も頬舌方向に扁平である（タスマニアクチバシクジラを除く）。

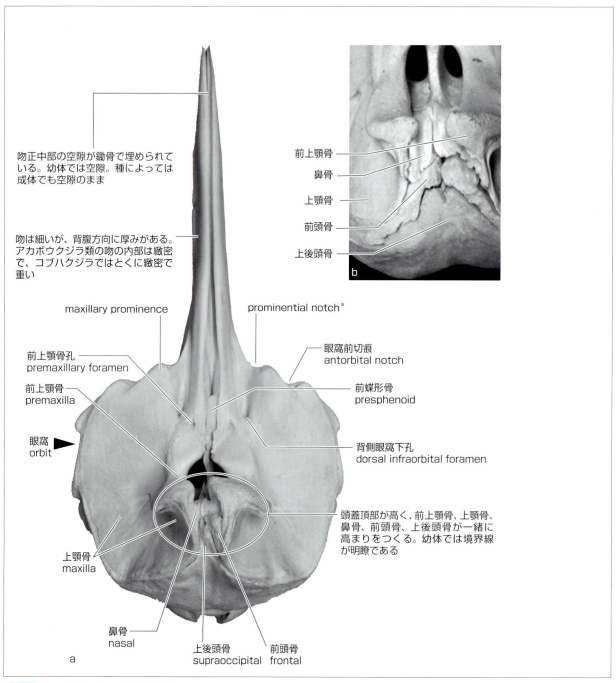

図36　コブハクジラの頭蓋（背側）
a：成体の頭蓋の全体像、b：幼体の頭蓋の一部
＊：maxillary prominence と吻基部の間にある切痕。アカボウクジラ科のすべての種にあるわけではない。

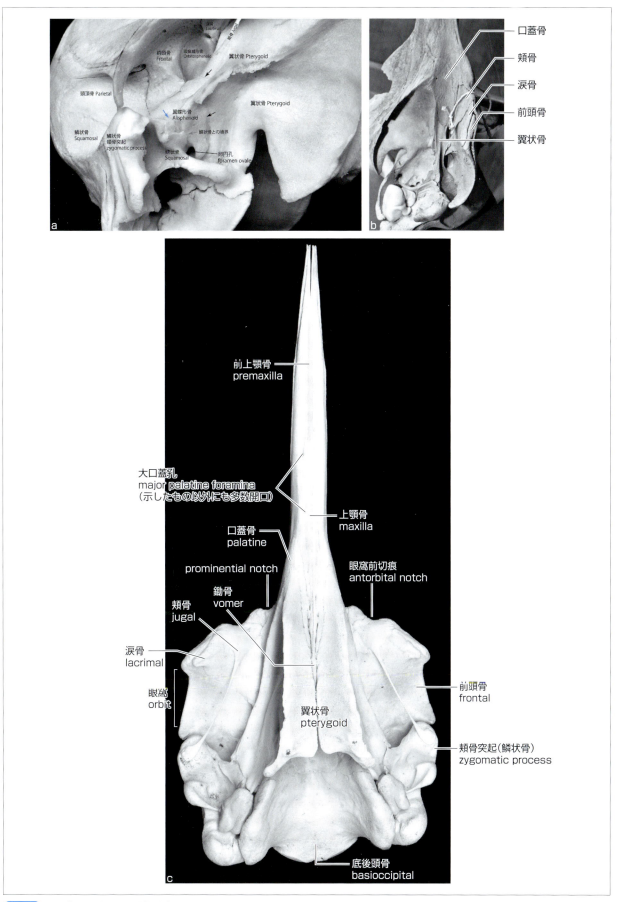

図37 コブハクジラの頭蓋（腹側）
a：幼体の頭蓋の一部（右前方腹側）、b：オウギハクジラの幼体の頭蓋の一部、c：成体の頭蓋の全体像
幼体では翼状骨と翼蝶形骨の境界（a：黒矢印）、鱗状骨と翼蝶形骨の境界（a：青矢印）が明瞭である。成体ではこれらが不明瞭になる。

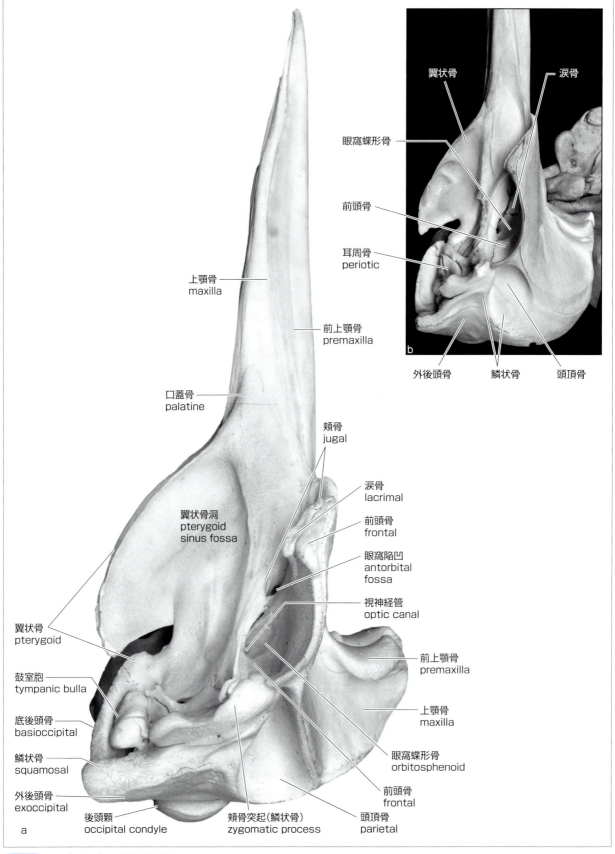

図38 コブハクジラの頭蓋（左側）
a：成体の頭蓋の全体像、b：幼体の頭蓋の一部

■参考文献

1) Archer M. The basicranial region of marsupicarnivores (Marsupialia), interrelationships of carnivorous marsupials, and affinities of the insectivorous marsupial paramelids. *Zool J Linn Soc*. 59: 217-322, 1976.
2) Broom R. On the mammalian presphenoid and mesethmoid bones. *In*: Proceedings of the Zoologica Society of London 1926, pp257-264.
3) Broom R. A further contribution to our knowledge of the structure of the mammalian basicranial axis. *Ann Transvaal Mus*. 18: 33-36, 1935.
4) Budras KD, McCarthy PH, Fricke W, et al. Anatomy of the Dog, an Illustrated Text, 5th ed. CRC Press. 2007.
5) Colbert EH, Morales M. 脊椎動物の進化，原著第5版．田隅本生訳．築地書店．2004．
6) Churchill M, Martinez-Caceres M, de Muizon C, et al. The origin of high-frequency hearing in whales. *Curr Biol*. 26: 2144-2149, 2016.
7) Evans H, de Lahunta A. Miller's Anatomy of the Dog, 4th Ed. Elsevier Saunders. 2012.
8) Flower WH. An Introduction to the Osteology of the Mammalia, 3rd ed. Macmillan. 1885.
9) Ito H, Miyazaki N. Skeletal development of the striped dolphin (*Stenella coeruleoalba*) in Japanese waters. *J Mamm Soc Japan*. 14: 79-96, 1990.
10) Martínez-Cáceres M, Lambert O, de Muizon C. The anatomy and phylogenetic affinities of *Cynthiacetus peruvianus*, a large dorudonlike basilosaurid (Cetacea, Mammalia) from the late Eocene of Peru. *Geodiversitas*. 39: 7-163, 2017.
11) Mead JG, Fordyce RE. The Therian Skull: A Lexicon with Emphasis on the Odontocetes. Smithsonian Institution Scholarly Press. 2009.
12) Mivart G. The Cat. John Murray. 1881.
13) O'Leary MA. An anatomical and phylogenetic study of the osteology of the petrosal of extant and extinct artiodactylans (Mammalia) and relatives. *Bull Amer Mus Nat Hist*. 335: 1-206, 2010.
14) Owen R. On the Archetype and Homologies of the Vertebrate Skeleton. John Van Voorst. 1848.
15) Pivorunas A, The fibrocartilage skeleton and related structures of the ventral pouch of balaenopterid whales. *J Morphol*. 151: 299-313, 1977.
16) Reidenberg JS, Laitman JT. Anatomy of the hyoid apparatus in Odontoceti (toothed whales): specializations of their skeleton and musculature compared with those of terrestrial mammals. *Anat Rec*. 240: 598-624, 1994.
17) Romer AS, Parsons TS. 脊椎動物のからだ～その比較解剖学～，第5版．平光廣司訳．法政大学出版局．1983．
18) Sisson S, Grossman JD. Sisson and Grossman's The Anatomy of the Domestic Animals. Saunders. 1975.
19) Uhen MD. Replacement of deciduous first premolars and dental eruption in archaeocete whales. *J Mamm* 81: 123-133, 2000.
20) Werth AJ, Ito H. Sling, scoop, and squirter: anatomical features facilitating prey transport, processing, and swallowing in rorqual whales (Mammalia: Balaenopteridae). *Anat Rec*. 300: 2070-2086, 2017.
21) 加藤嘉太郎，山内昭二．新編 家畜比較解剖図説．養賢堂．2003．
22) 加藤秀弘．クジラ・イルカ～海の王者の生態と観察～．学習研究社．1993．
23) 樋ノ浦治一．鯨類ノ聴器ニ就テ（第一報）小鰯鯨（*Balaenoptera acutorostrata*）ノ聴器（2）．北越医学会雑誌．53：866-889，1938．
24) 寺田春水，藤田恒夫．骨学実習の手びき，第4版．南山堂．1992．
25) 西 成甫．比較解剖学．岩波書店．1935．
26) 日本獣医解剖学会．獣医解剖・組織・発生学用語．学窓社．2000．
27) 文部省，日本動物学会．学術用語集：動物学編（増訂版）．丸善．1988．
28) 八杉龍一，小関治男，古谷雅樹ほか．岩波生物学辞典，第4版．岩波書店．1996．

第 2 章

体幹の骨

椎骨と脊柱

1. 椎骨の数

クジラの脊柱 vertebral column を構成する椎骨の数は種によって異なる。椎骨の数は非常に多く、たとえばバンドウイルカ(ハンドウイルカ)の脊柱は62～65個、スジイルカは74～79個、シャチは50～54個、オキゴンドウは47～52個の椎骨からなっている。

バンドウイルカの椎骨は頸椎 cervical vertebrae が7個(C1-C7)、胸椎 thoracic vertebrae が12～14個(T1-T12～14)、腰椎 lumbar vertebrae が16～19個(L1-L16～19)、尾椎 caudal vertebrae が24～27個(Ca1-Ca24～27)で、各椎骨の数には個体差がある(表1)。ヒトやイヌのような仙椎 sacral vertebra と腰椎との区別はない。

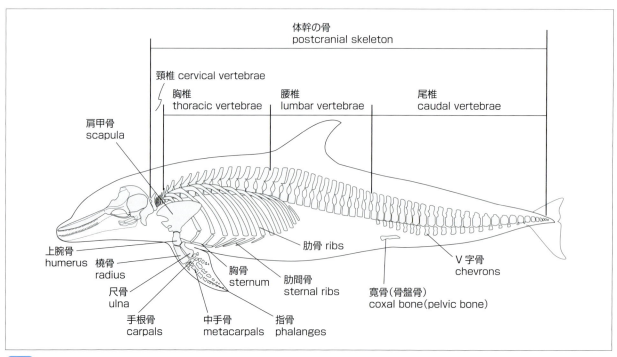

図1　バンドウイルカの体幹の骨

表1 クジラの椎骨式

種		椎骨式
セミクジラ科	ホッキョククジラ	C7 + T13 + L12〜13 + Ca22〜23 = 55
	セミクジラ	C7 + T14〜15 + L10〜11 + Ca25 = 55〜57
コククジラ科	コククジラ	C7 + T14 + L12 + Ca23 = 56
ナガスクジラ科	イワシクジラ	C7 + T14 + L13 + Ca22〜23 = 56〜57
	ザトウクジラ	C7 + T14 + L10 + Ca21〜22 = 52〜53
	シロナガスクジラ	C7 + T15 + L15 + Ca26〜27 = 63〜64
	ナガスクジラ	C7 + T15 + L14(14〜16) + Ca25(25〜27) = 60〜63
	ニタリクジラ	C7 + T13 + L13 + Ca21 = 54
	ミンククジラ	C7 + T11 + L12 + Ca18 = 48
マッコウクジラ科	マッコウクジラ	C7 + T11 + L8 + Ca24 = 50
コマッコウ科	コマッコウ	C7 + T13 + L9 + Ca27 = 56
アカボウクジラ科	アカボウクジラ	C7 + T9 + L11 + Ca20 = 47
	ツチクジラ	C7 + T10〜11 + L12 + Ca17〜19 = 47〜49
	イチョウハクジラ	C7 + T10 + L10 + Ca21 = 48
	コブハクジラ	C7 + T10〜11 + L8〜11 + Ca17〜21 = 45〜47
	ハッブスオオギハクジラ	C7 + T11 + L9 + Ca19 = 46
イッカク科	シロイルカ	C7 + T11〜12 + L6〜9 + Ca23〜26 = 50〜51
マイルカ科	マイルカ	C7 + T14 + L21 + Ca31〜32 = 73〜74
	スジイルカ	C7 + T15 + L18〜22 + Ca32〜35 = 74〜79
	ハシナガイルカ	C7 + T17 + L2 + Ca14〜15 = 40〜41
	マダライルカ	C7 + T15〜16 + L18〜19 + Ca37 = 78
	カマイルカ	C7 + T17 + L20〜24 + Ca30〜34 = 73〜78
	セミイルカ	C7 + T14〜15 + L29〜30 + Ca37〜39 = 88〜90
	シワハイルカ	C7 + T13 + L15〜16 + Ca30〜31 = 66〜67
	バンドウイルカ	C7 + T12〜14 + L16〜19 + Ca24〜27 = 62〜65
	コビレゴンドウ	C7 + T11 + L12 + Ca27 = 57
	ハナゴンドウ	C7 + T10 + L10 + Ca23 = 50
	オキゴンドウ	C7 + T11〜13 + L9〜12 + Ca21〜25 = 47〜52
	シャチ	C7 + T11〜13 + L9〜12 + Ca21〜25 = 50〜54
ネズミイルカ科	イシイルカ	C7 + T15〜18 + L24〜27 + Ca44〜49 = 92〜98
	スナメリ	C7 + T13〜14 + L11〜14 + Ca28〜31 = 60〜63

C：頸椎、T：胸椎、L：腰椎、Ca：尾椎

（文献4、16をもとに作成）

2. 椎骨の形態

椎骨（図2）は椎体 vertebral body と椎弓 vertebral arch からなる。椎体は厚手の円盤、あるいは円柱のような形をしている。

椎弓（神経弓）は椎体から背方に弓状に張り出した部分であり、これと椎体とで椎孔 vertebral foramen を形づくる。椎孔は全脊柱を通じてひとつづきの脊柱管 vertebral canal をつくり、ここを脊髄が通る。椎弓の基部を椎弓根 pedicle of arch of vertebra とよび、その先のやや扁平な部分を椎弓板 lamina of vertabral arch とよぶ。

椎骨からはいくつかの方向に何本かの突起が出ている。背方に飛び出る無対の突起を棘突起 spinous process とよび、ここには脊柱を一本につなぐ役割を果たす脊柱起立筋群や、背方では尾部を挙上するための筋などが付着する。左右に棍棒のように飛び出ている1対の突起を横突起 transverse process とよび、ここにも多くの背筋が付着する。横突起を境に軸上筋 epaxial muscles と軸下筋 hypaxial muscles がある。

椎弓の一部は前後が互いに関節する突起と関節面を持っており、前関節突起 anterior articular process、後関節突起 posterior articular process とよばれる。それぞれ前関節面 anterior articular surface、後関節面 posterior articular surface を介して前後に関節している。各突起の前面は凹んでいて、それぞれ前椎切痕 anterior vertebral incisure、後椎切痕 posterior vertebral incisure とよばれ、あいだに椎間孔 intervertebral foramen を形成する。このあいだから脊髄神経が出ることになる。若齢個体では椎体前後の成長線を示す関節面が1枚の板として遊離している。これを骨端板 vertebral epiphyses とよび、その境界面を骨端線とよぶ。椎体と椎端板の癒合の程度は個体の成熟度を示すことが知られている。一般的には頸椎の前方から後方へ、尾椎の後方から前方へと癒合が進み、胸椎骨端板の癒合は最後に起こる[13]。

3. 頸椎

現生のクジラの頸椎は、哺乳類としての基本的な特徴を残しつつ、クジラ特有の変化も遂げている。ここではまず基本的な哺乳類の頸椎の特徴を述べたうえで、クジラの頸椎の特徴について解説する。

（1）一般的な哺乳類の頸椎

哺乳類の頸椎の数は種間で差がなく、ほぼ必ず7個である[*1]（図3a）。

一般的な哺乳類では、頭蓋につながる第1頸椎とその後ろの第2頸椎が大きく変形しており、それぞれ環椎 atlas、軸椎 axis とよばれ区別されている。

環椎には椎体がなく（後述）、外側塊 lateral mass とよばれる部分が背弓 dorsal arch と腹弓 ventral arch でつながっている。棘突起に相当する部分には背結節 dorsal tubercle とよばれる小さな高まりがある。また腹弓の中央部には腹結節 ventral tubercle がある。外側塊から横突起が伸び、その根元に椎骨動静脈が通る横突孔 transverse foramen がある。外側塊の前面には頭蓋の後頭骨と関節する前関節窩 anterior articular fovea、後面には軸椎と関節する後関節窩 posterior articular fovea がある。腹弓の後面には軸椎の歯突起と関節する歯突起窩 facet of atlas for dens がある。

軸椎では歯のようにみえる突出した歯突起 dens が椎体前部にのっている。これは環椎の椎体がこちらへ移ったものである。前関節突起はなく、環椎後関節窩と関節する前関節窩になっている。

多くの哺乳類は、頭蓋と環椎、環椎と軸椎の関節を動かすことで、頭部を上下させたり回旋させたりしている。ヒトの場合、後頭骨の後頭顆と環椎の上関節窩がつくる環椎後頭顆関節が前後屈を主に担い、環椎腹弓の歯突起窩と軸椎の歯突起、そして歯突起後方に張る環椎横靱帯とでつくられる関節が、歯突起を中心に頭蓋と環椎を回旋させる。これに頸椎全体の回旋が加わり、大きな動きになっている（図3b）。

[*1]：例外も存在する。海牛目マナティ科、フタユビナマケモノ（有毛目ナマケモノ亜目フタユビナマケモノ科）は6個と少なく、ミユビナマケモノ（有毛目ナマケモノ亜目ミユビナマケモノ科）は8～9個、オオアリクイ（有毛目アリクイ亜目アリクイ科）は8個と多い。

第 2 章　体幹の骨

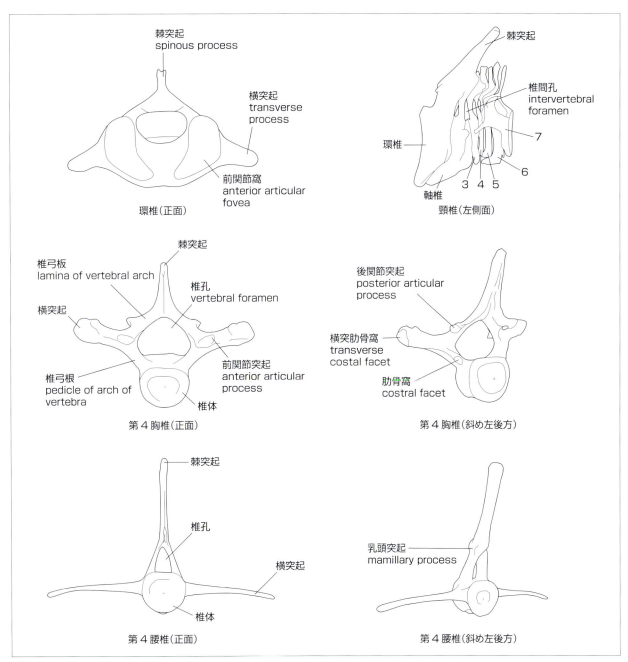

図2　バンドウイルカの脊椎（尾椎を除く）
胸椎は1ヶ所の窩を介して肋骨と関節する。腰椎の横突起は肋骨の名残であり、本来の横突起は乳頭突起や副突起となっている。

（2）クジラの頸椎

クジラも一般的な哺乳類と同様に7個の頸椎を有しているが、ハクジラでは、一般的に前方の2〜7個の頸椎が癒合して一塊になっている（図3c, d。マッコウクジラは環椎がほかから分離している）。ただし、ハクジラのなかでも"カワイルカ類"[*2]やシロイルカ、イッカク、カワゴンドウなどでは頸椎は癒合していない（図3e）。また、セミクジラを除くヒゲクジラにも癒合はみられない（図3f）。

頸椎の癒合した多くのハクジラでは、頸の回旋運動が強く制限されている。そのため環椎後頭顆関節がたいへん大きく丸くなっており、ここで前後屈だけでなく一部回旋運動まで担っている。ハクジラのなかでも頸をよく動かす種は、そうでない種に比べて環椎前関節窩が浅く、後頭顆の表面積に比して小さく、両者間の相対的可動域が大きい[13]。ハクジラは頸椎を短くしたこととひきかえに、本形質を二次的に獲得したものと考えられ、大変興味深い。なお、"カワイルカ類"やシロイルカは軸椎に歯突起も備えている。そのためこれらの種は、ほかのクジラに比べて頸を自在に動かすことができる。

コラム①：頸椎が癒合した理由

クジラ、とくにハクジラの頸椎が癒合している理由は明らかではない。

一説には、頭部を体幹に固定し肩の位置を頭側に移動することで、遊泳時の頭部のブレを防ぎ遊泳効率を上げるためといわれている。確かに、ハクジラのなかでも"カワイルカ類"やシロイルカなど、速く泳ぐ必要がないようにも思える種では、頸椎は癒合していない。頸椎の癒合はその代わりに頸の可動性を犠牲にしているわけだが、彼らは海中で生活しており3次元の動きが自由自在であるため、振り返るより身体全体を反転させるほうが早く、頸の可動性はあまり重要ではないのかもしれない。

博物館に収蔵されている哺乳類の標本のなかでは、被甲類のアルマジロや、ゾウの一部で癒合がみられる。多くの哺乳類は加齢に伴って靭帯が骨化し、結果として椎骨が癒合することがよくあるが、これらの2グループは若年個体でも癒合がみられ、加齢によるとはいえないものである。

頸椎の癒合は恐竜でもみられ、犬塚はこれを重い頭部を支えるためと説明している[14]。ゾウの頸椎が癒合している理由はあるいはそれと同じなのかもしれないが、サイやカバなど、同様に重い頭部を持つと思われる種の頸椎は癒合していない。

クジラでも古い種ではすべての頸椎が離れていることから、海棲適応の過程で癒合が起こったのだと考えられるが、いったいクジラたちの頸に何が起こったのか、私たちは首をひねるばかりである。

コラム②：クジラの尾鰭はよくしなる

クジラの尾椎は胸椎や腰椎とは形が大きく異なる。後方の尾椎は椎体を背腹に貫く孔を持ち、尾枝部では棘突起や横突起が極端に短くなり、椎体が背腹に長い楕円形から徐々に角が丸みを帯びた四角形へ変化する。椎体は前後面が凸型で前後に長くコロッとしており椎体同士の間隔も広い。これは尾柄部を上下左右により大きく曲げるための構造である。尾鰭内の尾椎は小さい横長の矩形で椎体表面が平らあるいはやや凹、末端は小さな球状または三角錐状である。これは頑丈な結合組織をまとう構造で、尾鰭の中心軸となる。

一方、頸椎〜腰椎は前後の椎体が密着し、各棘突起、横突起同士も靭帯でつながっているため、そこで大きく身体を曲げたり、くねらせたり、ねじったりはできない。

クジラの脊柱の周囲には、胸椎や腰椎の長い棘突起、横突起に沿って、腹側ではV字骨に沿って、前後に大量の筋肉が走行している。筋肉の後端は長い腱となり、6本の束を形成し（図）、尾鰭の前端に付着する。背腹側の筋肉を収縮させると尾鰭は上下し、左右の筋肉を収縮させれば左右へ曲がる。体幹をリジッドに保ち尾鰭を大きく動かすことで、これらの筋肉の力を無駄なく推進力に変え、クジラは高速遊泳を実現している。これは尾鰭を上下に動かすか左右に動かすかの違いはあれ、大海原を高速で泳ぐクロマグロの遊泳戦略と共通するところがある。

図 ネズミイルカ尾柄部の断面図
尾椎の背面には4本、腹面には2本の腱の束があり尾鰭に付着する。これらの腱の束は巨大な筋肉が生み出す力を尾鰭に伝える役割を持つ。

[*2]：第1章注12参照

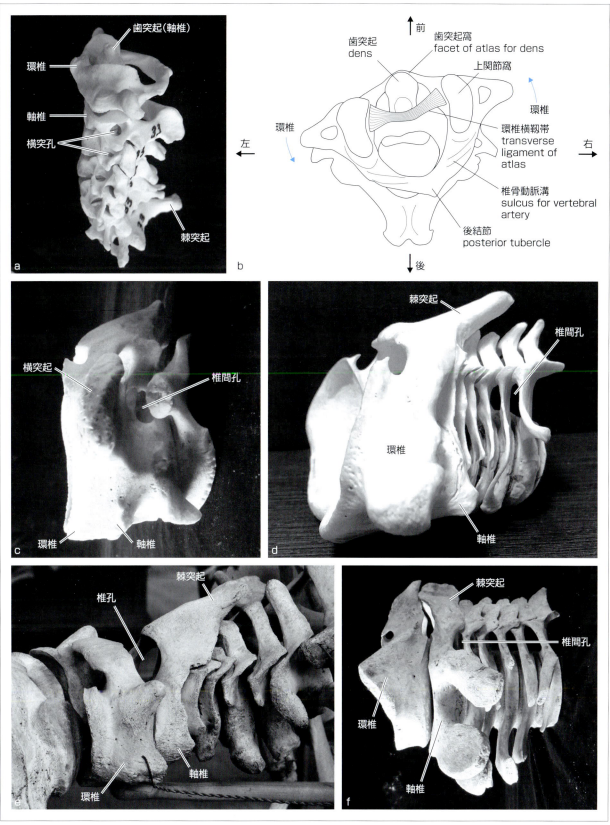

図3 頸椎の比較

a：ヒト、b：環椎と軸椎の動き（ヒト）、c：コマッコウ、d：バンドウイルカ、e：シロイルカ、f：ミンククジラ

哺乳類の多くは7つの頸椎を持ち(a)、環軸関節の動きに頸椎全体の動きが加わり頭が大きく回旋する(b)。種によって頸椎癒合の程度はかなり異なる。コマッコウ科はすべての頸椎が癒合している(c)。バンドウイルカでは頭側3つの頸椎が癒合し、尾側4つは離れている(d)。シロイルカやセミクジラを除くヒゲクジラはすべて離れている(e、f)。

4. 胸椎(図4)

バンドウイルカの肋骨は12～14対で、これに対応する部分が胸椎である。肋骨との関節面を持っていることが特徴である。椎体の側面にややくぼんだ肋骨窩 costal facet があり、やや前方に向かって伸びた横突起に、横突肋骨窩 transverse costal facet がある(図4a、b)。

5. 腰椎

腰椎の横突起は、長く肋骨のように張り出しているが、単純な構造をしている(図4c、d)。本来は肋骨であったものが変化したと考えられている。椎体の一部が斜め前方に張り出しており、metapophysis または乳頭突起 mammillary process とよばれている。この構造は胸椎から腰椎にかけて存在し、背側深部の腱の付着部となっている。イルカの仙椎は癒合していないため、ほかの椎骨から形態的に区別ができなくなっている。

6. 尾椎

本書では、腹側後端に第1V字骨 chevron が関節する椎骨を第1尾椎とする(ロンメルの定義[10])。尾椎は椎骨の多くの特徴を失う。前方では腰椎に似るが、徐々に棘突起、横突起が短くなる。椎体は上下に長い楕円形で、尾鰭の部分では横長の四角い形態となる。すなわち各突起が徐々に消失しつつ単純化した形態となる(図4e)。前方の尾椎はV字骨(図4f)を持ち、これは尾椎と尾椎のちょうど中間にあたる腹下面に関節している(図18)。このため、頭側部の尾椎腹側面にはV字骨と関節する部分に隆起がある。後方の尾椎の下面には高まりがあり、血管突起 hemal process とよばれる。この特徴から尾椎は比較的容易に鑑別できる。後方にいくにしたがってV字骨は小さくなる。V字骨は血管弓を形成し、内部に尾動静脈を通す。

7. 脊柱の運動性と連絡

生体では椎体同士が椎間円板 intervertebral disc を介して結合している。椎間円板は円盤状の線維軟骨でできており、クッションの機能を持つ。部位により厚さが異なり、頸椎では薄く後方にいくにしたがって厚みが増し、尾椎ではかなり大きくなる。これにより、連結した椎体の可動性が異なると考えられる。

クジラの脊柱では、頸椎のほかに胸椎から腰椎の一部でも、前後の関節突起で可動域が制限されている場所がある。この部位は腰部から後方の部分の動きの支点となっている。また、種によって棘突起と横突起の長さや前後方向への傾きに違いがみられるが、この理由はよくわかっていない。

8. 陸棲動物との比較

クジラのもっとも大きな特徴は、水中で生活するがゆえに、陸棲哺乳類では体重を支えるために必要であった各関節同士の強固連結が緩くなっていることである。頸椎は短くなって一部の種で癒合していることは先に述べたとおりである。

コラム③：クジラのV字骨

V字骨は脊椎動物によく保存されている形質である。魚にもカンガルー(有袋類)にもあるし、恐竜にもある。真獣類の多くも持っている。むしろこの骨があるほうが尾椎としては標準であるといえる(申し訳程度のヒトの尾椎には、残念ながら備わっていないが)。この骨の正体は「血管弓」とよばれるもので、椎体上部にある脊髄を通すアーチである「神経弓(椎弓)」と対をなし、尾動静脈の通り道をつくっている。

しかし、日本語の成書にはV字骨についての詳しい記載がほとんどない。それに、博物館で標本をみてもわからないこともある。小型の動物のそれはあまりに小さいので、標本化するときになくなってしまい、交連骨格に示されていないことがたまにあるのだ。

さて、クジラのV字骨は血管弓としての機能以外にもうひとつの役割を担っている。尾を下方に動かす筋の停止部位になっているのだ。この筋は陸棲哺乳類では仙骨腹側に起始している。ということは、イルカのこの部分を調べれば、イルカの椎骨の仙骨相同部位が予測できる可能性がある。しかし、この部位は腱が入り乱れて固く、たいへん解剖しにくく難儀する。もし我こそはと思う方がいれば、挑戦してみてはいかがだろうか。見事解剖を成し遂げ仙骨相同部位を解明することができたら、あなたにとってV字骨のVは、別の意味を持つ文字となることだろう。

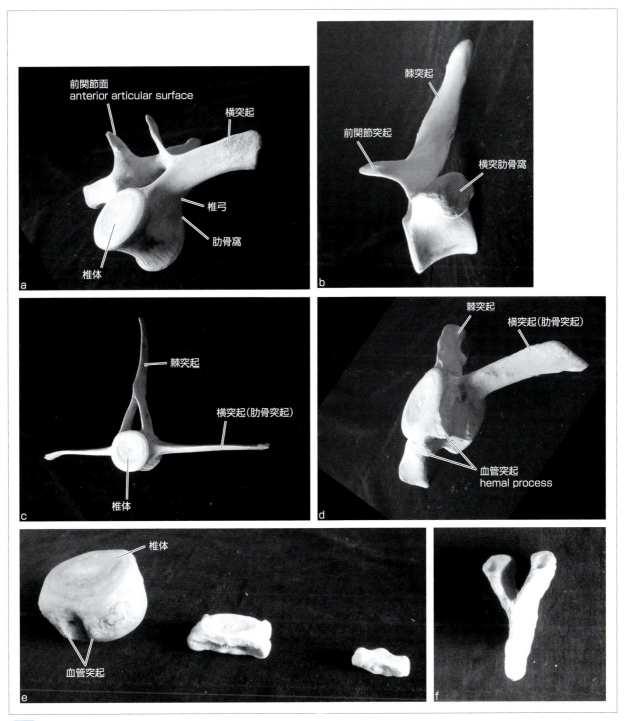

図4 バンドウイルカの脊椎
a・b：胸椎、c・d：腰椎、e：尾椎、f：V字骨
胸椎には肋骨と関節する肋骨窩と横突肋骨窩がある（a、b）。腰椎の横突起（肋骨突起）は肋骨の名残であり、乳頭突起およびその近傍にみられることのある副突起が本来の横突起の名残であるとされている（c、d）。尾椎後方の一部の腹側には血管突起がある（e）。また、下面には血管弓を形成するV字骨が関節する（f）。

胸郭

1. 胸郭を構成する骨

胸椎、肋骨 rib、肋間骨 sternal rib[*3]、胸骨 sternum で構成された部分が胸郭 thorax となる(図5)。その内部が胸腔 thoracic cavity という空間である。胸椎は「椎骨と脊柱」の項で説明したので、ここでは肋骨、肋間骨、および胸骨について述べる。

2. 呼吸への関与

吸気時の肋骨は側面からみると直立に近い状態になる。さらに肋骨に連なる肋間骨と肋骨の角度が広がることで胸腔の容量が増し、空気が気管、気管支を通って肺に流れ込む。一方、呼気時には、とくに後方の肋骨(単頭の肋骨)が胸椎横突起との関節を支点として後方に跳ね上がり、かなり斜めに傾く(側面からみると肋骨は極端に前傾する)。肋間骨は蝶番のように肋骨の末端を支点として大きく傾斜(側面からみると後傾)することで、胸部は背腹方向に大幅に小さくなる(図6)。この胸郭内容量の差が換気量に直結する。クジラはその差が非常に大きいので、一度の呼吸で取り入れられる酸素の量が多い。

3. 肋骨と肋間骨

クジラの肋骨は、一般的に弓形で細く比較的扁平な骨で、胸椎の横突起に関節している(図7)。種によって胸椎の数が異なるため肋骨の数にも違いがある。たとえばハクジラでは、スジイルカで14〜16対、バンドウイルカで12〜14対、シャチで11〜13対、オキゴンドウで10〜11対である[4]。まれに第7頸椎に薄くて短い頸肋骨が付着している場合がある。

前方の4〜5対の肋骨には2つの突起(肋骨頭 head of rib と肋骨結節 tubercle of rib)があり、二頭肋骨 double-headed rib とよばれる。肋骨頭は胸椎の肋骨窩と滑膜関節を介して関節し、肋骨結節は結合組織の線維によって胸椎の横突起の先端に関節している(図8)。後方の肋骨は単頭である。ヒトを含む多くの哺乳類では肋骨結節が失われて肋骨頭が残るが、鯨類の場合は肋骨頭が失われて肋骨結節が残る[10](図9)。

マイルカ科やネズミイルカ科では通常、前方の5〜7対の肋骨が肋間骨を介して胸骨と関節している(図10)。第1肋骨は短く頑丈で、それに関節する第1肋間骨も非常に頑丈である(バンドウイルカの場合)[10]。第2肋骨も比較的幅が広いが、それより後方にある肋骨は細長く、関節する肋間骨も第1肋間骨に比べて細い。さらにその後方には肋間骨と関節しない肋骨が続く。これらの肋骨は胸骨とも関節していない。最後方の肋骨は胸椎や胸骨に関節しない浮遊肋 floating rib の場合がある。浮遊肋は胸椎から離れ、かなり腹側に位置している。

マッコウクジラやアカボウクジラ科は前方3〜5対の肋骨が肋間骨を介して胸骨と関節している。肋間骨は骨化しておらず軟骨性である(このような場合は肋軟骨と称するのがよいかもしれない)。

コククジラを除くヒゲクジラには肋間骨がなく、第1肋骨のみが靱帯によって胸骨に関節している[12]。

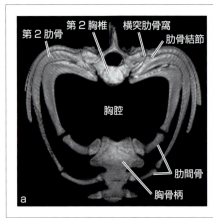 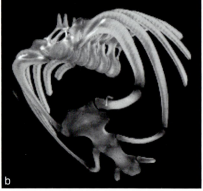 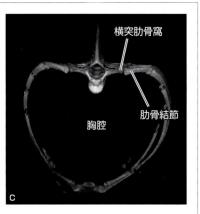

図5 バンドウイルカの胸郭(CT像)
a:頭側観、b:腹側観、c:尾側観
胸郭は胸椎、肋骨、肋間骨、胸骨で囲まれた部分である。胸郭の内部に胸腔があり、肺、心臓および心臓に出入りする大血管、食道などがある。

[*3]:sternal rib を直訳すると"胸骨肋骨"となるが、その語は一般的な語として使われることは少なく、ハクジラの骨格を表すときに(出典は不明であるが)"肋間骨"と称する事例があることから、本書ではこの語を使用する。

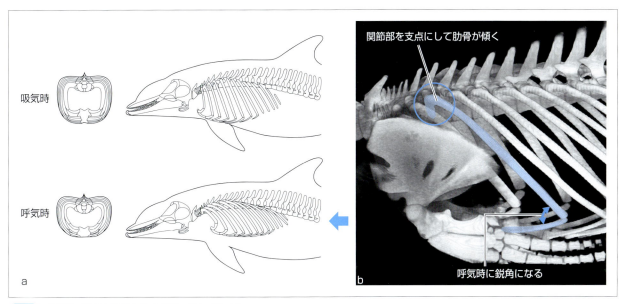

図6 呼吸における胸郭の動き(バンドウイルカ)
a:模式図、b:呼気時のCT像
側面からみると、吸気時には肋骨が垂直に近くなり胸郭の容積が大きくなる(a)。一方、呼気時には、肋骨が胸椎との関節を支点として後方へ跳ね上がり、かなり斜めに傾く。さらに肋骨と肋間骨の角度が鋭角となって胸郭が上下に押しつぶされるようになり(b)、胸郭の容積が小さくなる。
(aは文献3をもとに作成)

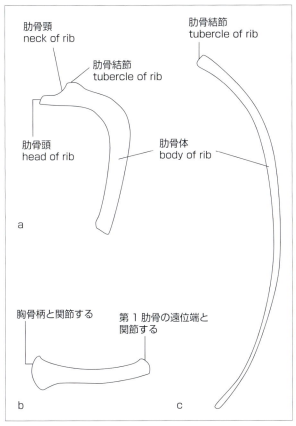

図7 肋骨および肋間骨
a:第1肋骨、b:第1肋間骨、c:第8肋骨
第1肋骨は幅広く扁平で短いが、後方の肋骨は細く長くなる(c)。肋間骨も第1肋間骨は比較的幅が広く頑丈で短いが(b)、後方のものは細長い。

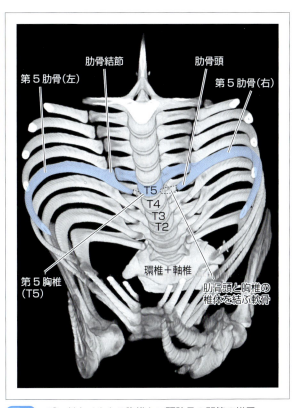

図8 バンドウイルカの胸椎と二頭肋骨の関節の様子
胸郭を腹側斜め後方からみたCT像。胸椎の横突肋骨窩には肋骨結節が関節し、椎体には肋骨頭が細長い軟骨を介して関節する。

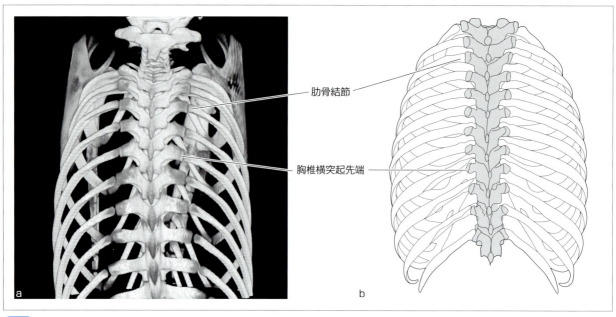

図9 単頭の肋骨と胸椎の関節の様子
a：バンドウイルカ（CT像）、b：ヒト（模式図）
ハクジラでもヒトでも前方の二頭肋骨は肋骨結節と肋骨頭の2ヶ所で胸椎と関節するが、後方の肋骨では様相が異なる。ハクジラでは、肋骨頭がなくなり肋骨結節のみが残って胸椎の椎体を関節する（a）。一方、ヒトでは肋骨結節がなくなり、肋骨頭のみが残って胸椎の椎体と関節する。また、胸椎の横突肋骨窩は胸椎の横突起の腹側にあり、背側からみると鯨類のように横突起の先端に肋骨は関節しない（b）。

（bは文献18をもとに作成）

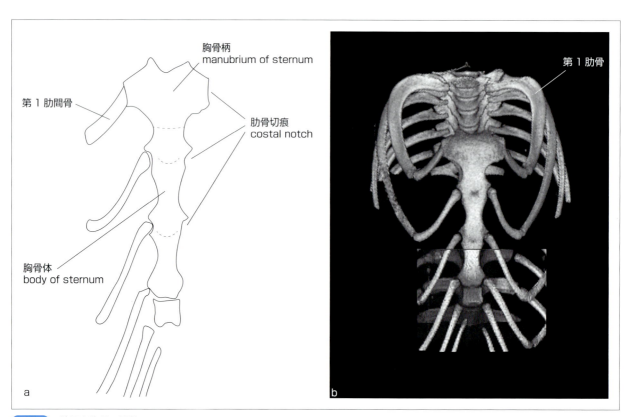

図10 肋骨と胸骨の関節
a：模式図、b：CT像（腹側観）
前方の5～7対の肋骨が肋間骨を介して胸骨と関節する。出生時に数個に分かれていた胸骨体は成長とともに癒合する場合がある。

4. 胸骨

胸骨 sternum は胸郭腹側の正中部にある扁平な骨である（図11）。肋間骨あるいは肋軟骨が関節する肋骨切痕 costal notch があるが、クジラには鎖骨がないので鎖骨切痕はない（ハクジラの胎仔期に原基が現れるという報告がある[7,11]）。

クジラの胸骨の特徴は、非常に幅が広く比較的扁平なことである。しかし、形や大きさは種によってかなりの差があり、同種内でも性差や年齢差が現れることもある[1]（図11）。

ハクジラの胸骨は、前方の胸骨柄とそれに連なる胸骨体（複数分節の場合あり）からなる。中央部に1〜複数の孔がある場合もある。胸骨全体をみると、多くのマイルカ科では、前方の幅が広く後方は狭いT字型である。第1肋間骨が胸骨柄の前方縁に関節し、それに続く2〜3本の肋間骨が胸骨柄と胸骨体の結合部分の両側縁、あるいは胸骨体同士の結合部分の両側縁に関節し、それ以降の肋間骨は胸骨の後方に靱帯で付着している。バンドウイルカの胸骨は3〜4節からなるが成長に伴って癒合する場合もある。アカボウクジラ科では5〜6節からなる。ヒゲクジラの胸骨は1個である。

クジラの鎖骨と胸骨の発生をみると、ハクジラの場合は、胎仔期に1対の鎖骨 clavicle と1個の間鎖骨 interclavicle、1対の烏口板 coracoid plate および胸骨帯 sternal band が形成される。発生が進むにつれ鎖骨は消失し、間鎖骨、烏口板、胸骨帯が癒合して胸骨を形成する。一方ヒゲクジラでは、発生の過程で鎖骨と胸骨帯の原基は形成されず、発生が進むと烏口板と間鎖骨が癒合して胸骨となる[7]。多くの場合、胸骨の幅は前後方向の長さよりも長い[1]。図11にヒゲクジラにおける胸骨（柄）と第1肋骨の関節の様子を示す。

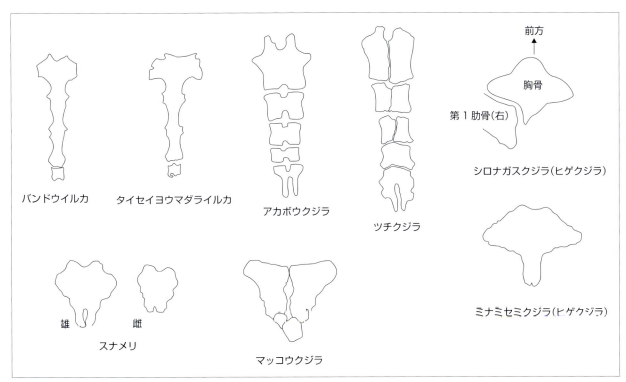

図11 さまざまなクジラの胸骨（腹側観）
ハクジラの胸骨の形は種差が大きく、個体差も大きい。胸骨と肋骨は肋間骨（軟骨状の場合もある）を介して関節している。ヒゲクジラの胸骨は身体の大きさに対して非常に小さい。肋間骨もなく、第1肋骨が直接胸骨に関節している。

（文献1をもとに作成）

前肢骨

1. 肩甲骨

典型的なハクジラの肩甲骨 scapula は扇型である。肩峰 acromion は肩甲骨の外側面前縁の中央部から前方に伸びる幅の広い扁平な突起で、烏口突起 coracoid は肩甲骨内側面で関節窩前縁の先端付近から体軸および肩峰とほぼ平行に突き出た頑丈な突起である（図12）

棘上窩 supraspinous fossa は肩甲骨の前縁にある溝状の構造である。Klima はバンドウイルカの肩甲骨には棘がないと説明している[8]。

クジラには鎖骨がなく、肩甲骨は肋骨と肋骨筋の外側に筋肉でいわば"貼り付けられて"おり、体幹と直接関節していない。そのため、骨格を交連する際に肩甲骨の位置を決めるのが難しい。バンドウイルカの胸郭付近のコンピュータ断層撮影(CT)像では、頭蓋の直後に位置していることがわかる（図13）。また、関節窩は腹側を向いている。

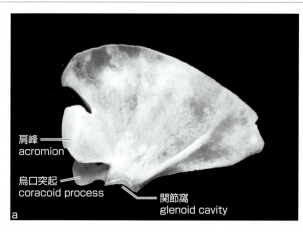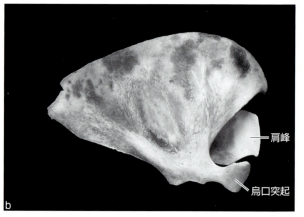

図12 バンドウイルカの肩甲骨（左）
a：外側観、b：内側観
肩峰は肩甲骨の外側前縁に中央部から前方に広がる幅広い突起で、烏口突起は肩甲骨内側面で関節窩前縁の先端付近から体軸、および肩峰とほぼ平行に前方に突き出している頑丈な突起である。棘上窩は肩甲骨の前縁にあるわずかな溝である（ここでは図示していない）。

コラム④：前肢とその周辺の筋肉

バンドウイルカの前肢帯には三角筋、棘下筋、大円筋、そして棘上筋と肩甲下筋（図示していない）があり、小円筋はない。ここに示した周辺の筋肉（僧帽筋、肩甲挙筋、菱形筋、広背筋、上腕乳突筋）は大胸筋、小胸筋、前鋸筋とともに肩帯を体幹に貼りつけると同時に、肩帯の動きをコントロールしている。高倉[15]はマイルカの胸鰭の内部に肩甲骨と上腕骨を結ぶ小さな上腕三頭筋と烏口腕筋の存在を報告しているが、そのほかの部分は結合組織であり前腕より遠位を動かす筋肉はない。したがって、指を動かしたり手首を曲げるといった動きはできない。

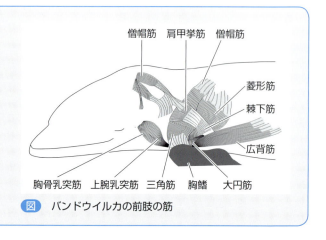

図 バンドウイルカの前肢の筋

第 2 章　体幹の骨

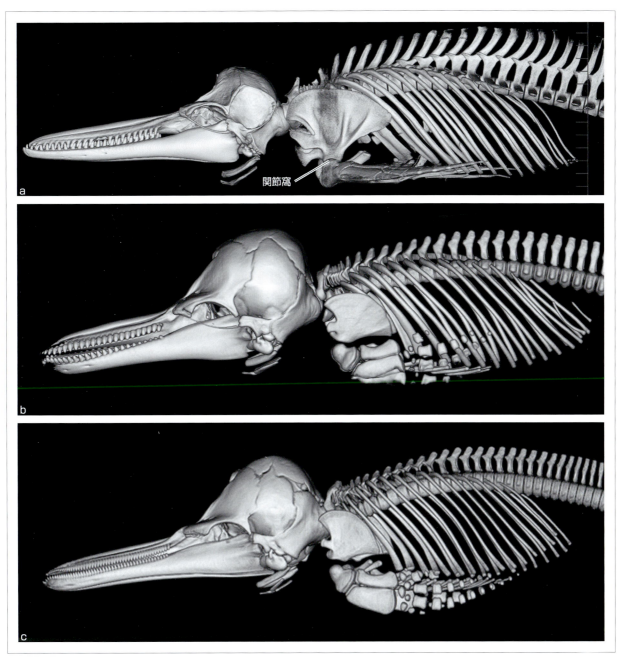

図13　肩甲骨の位置（CT像）
a：シワハイルカ（成体）、b：バンドウイルカの新生仔、c：マイルカの新生仔
肩甲骨の前端は頭蓋の直後に位置し、関節窩は腹側を向く（a）。イルカやクジラの骨格の位置をCT像でみる際は注意が必要である。水棲動物は陸上での自重の影響が大きいからである。たとえば、aのシワイルカは腹臥位で撮影したために自重が上肢にかかり肩甲骨の位置が背側にずれている。それに対し、b、cでは側臥位で撮影しているので肩の位置に問題はない。

2. 上腕骨・橈骨・尺骨ほか

クジラの前肢は、骨でいえば上腕骨のなかばから先が鰭状の胸鰭になっている(図14a)。バンドウイルカの上腕骨 humerus は短くて頑丈で、上腕骨頭 head of humerus は背内側を向く。橈骨 radius と尺骨 ulna は扁平である。尺骨の遠位端には肘頭 olecranon process がある。上腕骨と橈骨・尺骨との関節部分は動かない。橈骨と尺骨は遠位端で手根骨 carpal bones と結合している。手根骨は個数や形態の変異が大きく、陸棲哺乳類との相同性が明確でなく用語も統一されていない。本書ではロンメルにならい[10]、一例を示す。バンドウイルカは近位に3個(橈側骨 radiale、中間骨 intermedium、尺側骨 ulnare)、遠位に2個(有鉤骨 hamate、有頭骨 capitate)の手根骨を持ち、やや長い中手骨 metacarpal(M 1～5)、指骨 phalanges が続く(図14)。第1指の指骨はないとする文献もあるが[10]、指骨はある。ただし軟骨状であったり小さすぎてみつけにくいこともある。一般的な哺乳類と異なり、第2～4指および中手骨の遠位側には骨端軟骨がある[10]。成長に伴いそれらの軟骨は骨化する(図15)。

クジラの特徴に多指骨化 hyperphalangy がある。ハクジラは通常、第2指がもっとも長く指骨の数も多い。ヒレナガゴンドウでは、第2指で12～13個、第3指では8個という記載がある[2]。他種でも、変異はあるが第2、3指の指骨数は3個よりは多い。ハクジラの多くの種の指は5本である。ヒゲクジラには4本指で中手骨もない種がある(図16)。そして第3、4指に多指骨化の傾向がある[2]。

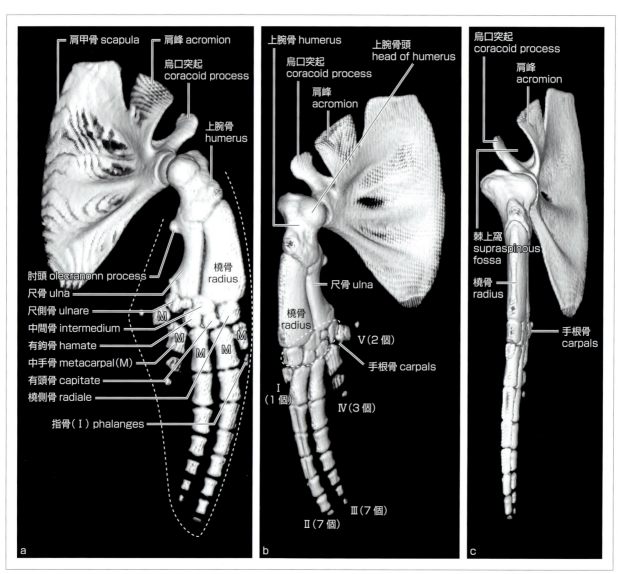

図14 バンドウイルカの前肢(CT像)
a:右前肢の外側観、b:左前肢の外側観、c:左前肢の腹側観
クジラの前肢は上腕骨の遠位部分から先が鰭状になっている(点線)。前肢の骨格はほかの哺乳類と同様に肩甲骨、上腕骨、橈骨、尺骨、手根骨、中手骨(M)、指骨で構成されている。バンドウイルカには5本の指があるが、上腕と前腕のあいだ、さらに手首や指の関節を動かすことができず、ひとかたまりの鰭として機能する。

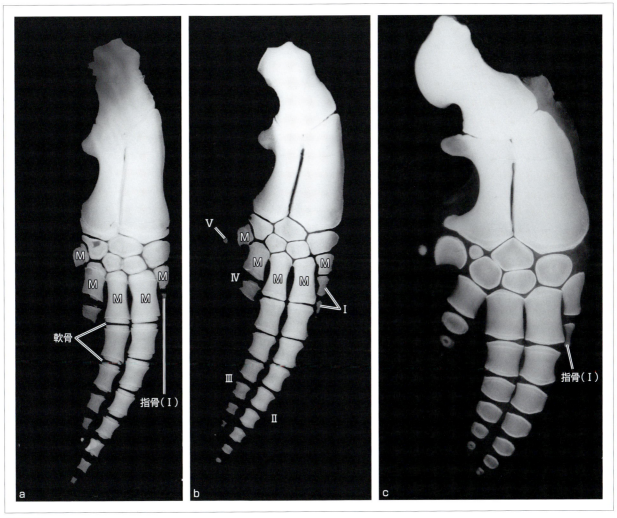

図15 イルカの前肢（X線像）
a：スジイルカ幼体（5.5歳）、b：スジイルカ成体（18.5歳）、c：イシイルカ成体
幼体（a）では橈骨および尺骨の遠位端、また指骨の両端に軟骨が認められるが、成体（b、c）になると骨化していることがわかる。第1指の指骨は軟骨の場合もあり、見落としがちである。
M：中手骨

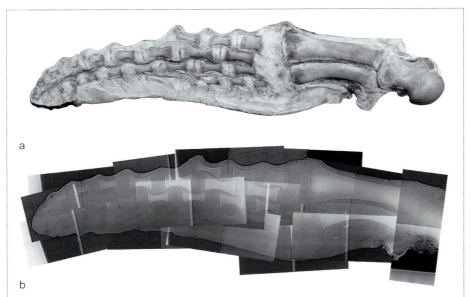

図16 ザトウクジラの前肢
a：胸鰭内部の骨格（皮膚と結合組織を除したもの）、b：X線像
指は4本で、手根骨は小さい。

後肢骨

現生のクジラ（ハクジラとヒゲクジラ）には後肢（大腿骨、腓骨、脛骨、足根骨、中足骨、指骨）がない。また、陸棲哺乳類で認められる腸骨 ilium、坐骨 ischium、恥骨 pubis からなる寛骨 coxal bone が仙骨と関節して形成される骨盤 pelvis がない。その代わりに多くのハクジラには、生殖孔背側の筋肉の中に埋まるような形で左右に1本ずつやや湾曲した棒状の骨があり、寛骨あるいは骨盤骨 pelvic bone、骨盤の痕跡 pelvic vestiges などとよばれている（図17）。この骨が坐骨、恥骨、腸骨の3つの要素を有しているという確証はまだないが、後肢と体幹を関節して身体を支える機能を失った痕跡的な寛骨であると考えられる。寛骨はV字骨より腹側にあり、前端と後端はそれぞれおよそ最後尾の腰椎と第4V字骨のあいだに位置し、尾椎とほぼ並行に外側に凸な状態で存在する（図17）。

ただし、コマッコウやオガワコマッコウには寛骨が認められない。また、オウギハクジラでは成体になっても寛骨の骨化が進まず、軟骨状になっている場合がある。詳細に観察すると、種によってかなり多様性があると思われる。

寛骨には雌雄差がある。マダライルカやスジイルカでは、雌の寛骨が扁平で中央部分が外側にやや凸状であるのに対し、雄の寛骨はより長く、丸みを帯びた太い棒状である。

ヒゲクジラのうちナガスクジラ科では若干様相が異なり、ミンククジラでは、"大腿骨"と称される球状の小さな骨が寛骨と一緒に認められる（図18）。寛骨と"大腿骨"のあいだには、痕跡的ではあるが両者を結ぶ筋肉や腱が付着しており、かつて骨盤と下肢を結ぶ構造であったことを連想させる。雌雄差あるいは成長に伴う軟骨から骨への変化の様子、ニタリクジラの寛骨との違いなど、詳細は宮川の報告[17]を参照されたい。

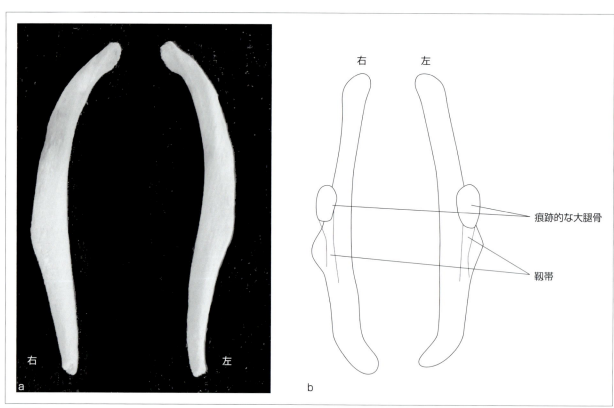

図17 寛骨の形態
a：バンドウイルカの寛骨、b：ミンククジラの寛骨（模式図）
ミンククジラでは非機能的な大腿骨が認められる（b）。

（bは文献17をもとに作成）

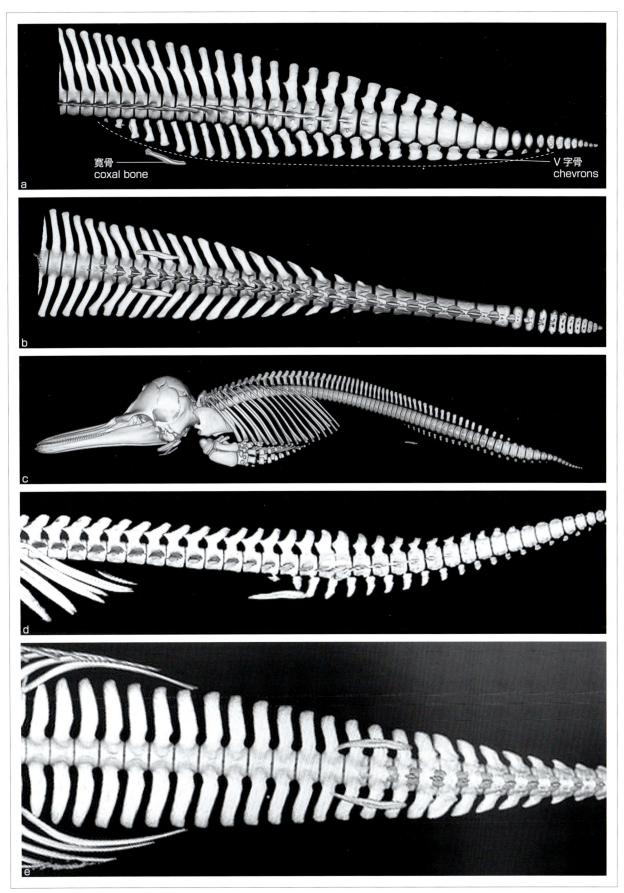

図18　クジラの寛骨の位置（CT像）

a：マダライルカ成体（左側観）、b：マダライルカ成体（腹側観）、c：マイルカ新生仔、d：スナメリ成体（左側観）、e：スナメリ成体（腹側観）
寛骨の位置は種によって異なる。マダライルカの成体の寛骨先端の位置は第3〜4V字骨間である（a、b）。マイルカの新生仔では第1〜2V字骨間（b）、スナメリの成体は第1V字骨より前方、腰椎の下方に位置する（d、e）。

コラム⑤：失われた後肢が鍵

2007年に、和歌山県の太地町で腹鰭のあるバンドウイルカが保護された（図A）。これまでに腹部にこぶのようなでっぱりがあるクジラの報告は何例かあったが、このようにきれいな鰭状の腹鰭があり、しかも生きたまま飼育下で観察された例は、世界でもはじめてであった[9]。X線検査やCT検査の結果、腹鰭の内部には、陸棲哺乳類の下肢に相当する骨が不完全な状態でいくつか存在していることが明らかになった[6]（図B）。左鰭には大腿骨、腓骨と考えられる骨および2本の指が、右鰭には大腿骨、脛骨、腓骨と考えられる骨、そして3本の指が認められた。しかし、いずれの鰭でも中足骨、足根骨の区別は難しかった。一方、寛骨はその大きさ、形、位置とも通常のバンドウイルカとまったく差がないということも明らかになった。寛骨と下肢の骨格（大腿骨）との関節はなく、いくつかの筋肉あるいは腱が皮下と大腿骨、あるいは寛骨と大腿骨を結んでおり、かろうじて腹鰭と寛骨とが軟組織でつながっている状態であった。これは、腹鰭が遊泳に有利にはたらくといった機能を持っていなかったことを示している。

このイルカが実感させてくれたように、クジラにもかつて足があった。たとえば、1998年に記載論文[5]が発表されたムカシクジラ亜目のバシロサウルス・イシスの化石には、体の大きさには不釣り合いだが、寛骨とともにある程度のパーツが揃った後肢が備わっている。すでに陸上で体を支えることはできなかったが、交尾の際に身体を安定させるために使われた可能性が示唆されている。

この、今では失われた後肢が、クジラの由来を知るうえで非常に重要な役割を果たしている。20世紀終盤、遺伝子の解析から、クジラとカバが姉妹群を形成する、すなわちクジラは偶蹄類であるという仮説が提唱されたとき、かなりの混乱が起こった。それまでクジラの祖先は、メソニクスという偶蹄類とは直接の関係がないグループの動物であるといわれていたからである。クジラとカバが姉妹群であるならば、クジラは偶蹄類であるといわねばならず、従来の説と矛盾してしまう。この混乱を鎮めたのが、クジラの後肢であった。仮説が発表されてからほどなくして発見されたクジラの祖先の距骨の化石が、二重滑車状というまさに偶蹄類の形質を備えていたのである（「第3章 進化」コラム①参照）。この発見によって、形態学的にも、クジラが偶蹄類の一部である可能性が認められるようになった。

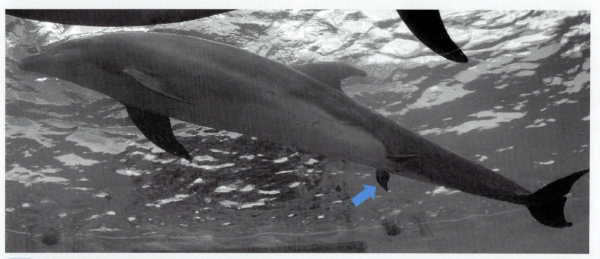

図A 腹鰭のあるバンドウイルカ

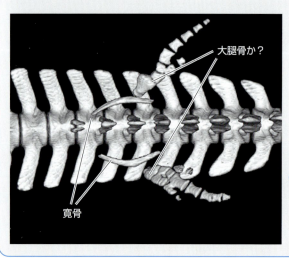

図B 腹鰭のCT像
寛骨と腹鰭の骨格は関節しておらず、靱帯あるいは筋肉によって結びついている。左の腹鰭には大腿骨と思われる骨があり、2本の指が認められる。右の腹鰭では大腿骨、脛骨、腓骨に相当する骨があり、3本の指も認められる。足根骨、中足骨を同定するのは難しい。

■参考文献

1) Arvy L, Pilleri G. The sternum in Cetacea. *In* Pilleri G, (ed): Investigations on Cetacea, VIII. Hirnanatomisches Institut der Universität. 1977, pp123-148.

2) Cooper LN, Berta A, Dawson SD, et al. Evolution of hyperphalangy and digit reduction in the cetacean manus. *Anat Rec*. 290: 654-672, 2007.

3) Cotten PB, Piscitelli MA, McLellan WA, et al. The gross morphology and histochemistry of respiratory muscles in bottlenose dolphins, *Tursiops truncatus. J Morphol*. 269: 1520-1538, 2008.

4) Cozzi B, Huggenberger S, Oelschläger H. Anatomy of Dolphins. Elsevier, Academic Press. 2016.

5) Gingerich PD, Smith BH, Simons EL. Hind limbs of *Eocene basilosaurus*: evidence of feet in whales. *Science*. 249: 154-157, 1990.

6) Ito, H, Koizumi, K, Hayashi, K, Kirihata, T, Miyahara, H, Ueda, K. Anatomy of the hind limb of the four-finned common bottlenose dolphin (*Tursiops truncatus*). 21th Biennial Conference on the Biology of Marine Mammals, 13-18 December 2015.

7) Klima M. Comparison of early development of sternum and clavicle in striped dolphin and in humpback whale. *Sci Rep Whales Res Inst*. 30: 253-269, 1978.

8) Klima M, Oelschläger HA, Wünsch D. Morphology of the pectoral girdle in the Amazon dolphin *Inia geoffrensis* with special reference to the shoulder joint and the movements of the flippers. *Z Säugetierkd*. 45: 288-309, 1980.

9) Ohsumi S, Kato H. A bottlenose dolphin (*Tursiops truncatus*) with fin-shaped hind appendages. *Mar Mammal Sci*. 24: 743-745, 2008.

10) Rommel S. Osteology of the bottlenose dolphin. *In* Leatherwood S, Reeves RR, (eds): The Bottlenose Dolphine. Elsevier, Academic Press. 1989, pp29-50.

11) Štěrba O, Klima M, Schildger B. Embryology of dolphins. Staging and ageing of embryos and fetuses of some cetaceans. *Adv Anat Embryol Cell Biol*. 157:III-X, 1-133, 2000.

12) Yablokov AV, Bel'kovich VM, Borisov VI. Whales and Dolphins. Izd Nauka. 1972.

13) 伊藤春香．クジラの形態：鯨類学．村山　司編著．東海大学出版会．2008，pp78-132．

14) 犬塚則久．恐竜の骨をよむ～古脊椎動物学の世界～．講談社．2014．

15) 高倉ひろか．マイルカの肩帯における比較解剖学的研究．東京水産大学修士論文．1997，pp1-68．

16) 西脇昌治．鯨類・鰭脚類．東京大学出版会．1965．

17) 宮川尚子．鯨類における骨盤および後肢痕跡に関する形態学的研究．東京海洋大学博士論文．2016．

18) 森　於菟，小川鼎三，大内　弘ほか．分担 解剖学1～総説・骨学・靭帯学・筋学～．第11版．金原出版．1982．

第3章

進化

はじめに

　前章までは現生種を中心にクジラの骨学的特徴を述べてきた。しかし、現生のクジラは頭蓋が哺乳類の基本形から著しく変形しているため、ほかの哺乳類との対比が難しい。そこで本章では、ほかの哺乳類との「橋渡し」をするため、変形度が少ない化石種をとりあげ、クジラの骨の形態の大まかな移り変わりを示すこととする。現生のクジラの骨学を理解するうえでは、本章は必要に応じて参照するだけでも問題はない。

クジラの歴史

　クジラの歴史は5000万年以上前までさかのぼることができる。そのあいだに登場した古代のクジラは一目でクジラとわかるものから、現生種とかけ離れた形態のものまで、骨の特徴もさまざまである。

　"最古のクジラ"の栄誉は今のところ**パキケタス** *Pakicetus* が享受している。その名は発見場所のパキスタンに由来する（「パキスタンのクジラ」の意）。時代的に近接しているほかの最古級のクジラも現在のインド・パキスタン周辺に暮らしていたことが知られており、当時のパキスタン近傍がクジラ揺籃の地であったことがわかる。

　パキケタスの化石が含まれている地層は、堆積物の組成から淡水域で形成されたことがわかっている。したがって、パキケタスは淡水への依存度が高かったと考えられる。その後に現れたやや進化型のクジラは海への依存度が高くなっていたことが知られている。インド半島はその頃まだユーラシア大陸南方に浮かぶ小大陸で、インドとユーラシアのあいだにはテチス海という浅海が広がっていた。このテチス海は西方へ延び、エジプト近海（現在の地中海）を通り抜け、大西洋にまでつながっていた。クジラはこのテチス海で初期進化を続けていくことになる（図1）。

　体型変化は水中での移動能力の変化を反映していると思われる。時代が下るにつれて遠洋での遊泳が可能になったようで、"クジラ型"体型を手にした種は起源の地と考えられるインド・パキスタン周辺からエジプトを抜け北米東海岸に達し、さらには遠くペルーやニュージーランドにまでその分布を広げた。遊泳能力の変化に伴う生活域の変化は、化石骨の組織学的な変化にも表れている。

原始クジラ

　パキケタスからはじまって**バシロサウルス科**に至るまでには、さまざまな祖先的クジラが現れた。これらはまとめて**原始クジラ Archaeoceti** とよばれる（ムカシクジラ、原鯨もよばれる）。現生種が属しているハクジラとヒゲクジラ（併せて **Neoceti** とよばれる。**新鯨類**と訳されることもある）とは異なる第3のグループである。原始クジラのうち、バシロサウルス科のいくつかの種が現生クジラにつながる祖先種の候補とみなされている。原始クジラは限られた場所で遺存種的に残っていたものを除けば、始新世の終わり（3400万年前頃）を境に地球上から姿を消した。

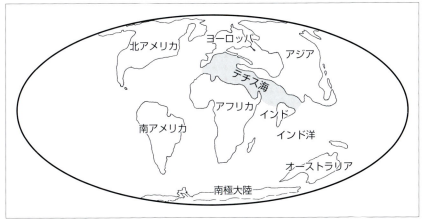

図1 始新世初期(5500万年前頃)の古地理図
現代の大陸の分布と大きく異なる点は南半球の各大陸が北半球の大陸と離れていることである。またインドは半島ではなく、ユーラシア大陸南方の小大陸として存在している。

1. パキケタス科 Pakicetidae

時代：始新世前期(5300～4800万年前)
分布：インド、パキスタン
頭の骨：各骨の要素と構造ははかの陸棲哺乳類と大差ない。骨鼻口後縁が第3切歯と犬歯のあいだ付近の位置にある。
歯：切歯が吻端で弧を描かずに、臼歯と一列に並ぶ。臼歯の歯冠がおおむね三角形である。臼歯は二根である。
体幹の骨：肩帯や骨盤は四肢の発達を示す陸棲哺乳類型の形態を示す。骨は緻密骨が発達して肥厚しており(pachyostosis)、水深の浅い水底を歩くためのバラストとして機能していたとの見方がある。

パキケタスの姿は現生のどんなクジラとも似ておらず、むしろイヌのような格好である。4本の足があり、鼻の穴も吻の先端にある(図2)。頭の骨に現生のハクジラやヒゲクジラにみられる特有の変化はない。頭の骨や四肢骨、体軸の骨は、種固有の特徴はあるものの、全体的には陸棲哺乳類一般の形態といって差し支えない。鼓室胞にS字状突起や内唇の肥厚がみられるため、クジラとみなされている。体毛の有無については不明である。手足のつき方、蹄の有無、陸上および水中での運動様式については現時点では統一した見解がない。水中生活への適応が進み、陸上での運動が制限されていたという見解と、水陸両用型の運動が可能だったという見解が並び立っている。全身の骨格が揃っていないことが対立の主な理由であり、運動様式ひいては生態の推定を不確かなものにしている。

2. プロトケタス科 Protocetidae

時代：始新世中期(4900～3700万年前)
分布：インド、パキスタン周辺、アフリカ北部・西部、北アメリカ
頭の骨：前頭骨、とくに眼窩を構成する部分が大きく広がる点はクジラ特有である。骨鼻口後縁が犬歯付近の位置より後ろに移動している種もある。
歯：臼歯の歯冠が頬舌方向に扁平化し、突起状の小さな副咬頭がある。臼歯は二根である。
体幹の骨：しっかりした後肢があるが、陸棲哺乳類と比べると腰帯に顕著な変化がみられる。仙骨が個々の仙椎として分かれながらも仙腸関節を保持している種がいる一方、仙腸関節を失い脊柱との連結が絶たれている種もいる。つまり、本科内には陸上で自重を支えられるものと不可能なものが混在していた可能性がある。ただ、後者の場合でも寛骨臼の発達はよい。主に肋骨の緻密骨に肥厚がみられる。プロトケタス科のなかで北アメリカ沿岸に達していたものがいるため、大洋を横断する遊泳能力があったことになる。

3. バシロサウルス科 Basilosauridae

時代：始新世後期(4100～3400万年前)
分布：インド、パキスタン周辺、アフリカ、アジア、ヨーロッパ、南北アメリカ、ニュージーランド、(南極大陸？)
頭の骨：骨鼻口後縁がかなり後方(第一小臼歯より後ろの位置)へ移動している。

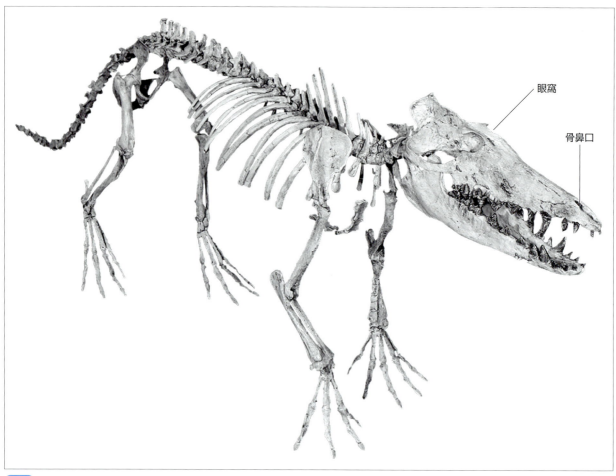

図2　パキケタス
始新世前期(5300万年前頃)に存在した最古のクジラである。眼窩の位置が頭頂部に近く目が上向きについていたこと、骨鼻口が吻の先端にあり、頭蓋水平位において眼窩と同じ高さとなること、四肢骨の緻密骨が厚いことなどから、水中を主な生活の場としていたと考えられる。体毛の有無は不明である。

歯：臼歯の歯冠には突起(鋸歯)状のよく発達した副咬頭がある。臼歯は二根である。
体幹の骨：脊椎骨はすべて分離しており、腸骨も脊柱と関節しない。そのため、仙椎領域が認められない。痕跡的な後肢が保持されているが、全長に対する後肢の割合は著しく小さい。肘関節が前後に一軸性で可動するが、回内・回外はできない。主に肋骨の緻密骨に骨の肥厚がみられる。

バシロサウルス科には科の名称のもとになった**バシロサウルス**が含まれる。この仲間はウナギのように極端に細長い体型をしているが、それはバシロサウルス科のなかでも特殊化したものであり、ほかの仲間はより現生種に近いプロポーションをしている(図3)。原始クジラのなかで時代的にも分類学的にも本科が現生種にもっとも近縁であると考えられている。

ハクジラとヒゲクジラ

原始クジラに代わって現れたのが、ハクジラとヒゲクジラである。ハクジラとヒゲクジラは現生するが、それぞれの系列に化石が存在している。原始クジラからの進化がいつどのように起こったかについては不明な点が多いが、ヒゲクジラの場合、化石の含まれている地層の年代や形態から、"移行形"もしくは"萌芽的"とよぶべき、進化の中間段階のような化石がみつかっている。現在までの化石の記録に従えば、4000万年前よりも新しく3500万年前よりも古い時代のどこかで、ヒゲクジラの祖先種が地球上に現れたと思われる。なお、当時のヒゲクジラには成体でも歯があった(「歯のあるヒゲクジラ toothed mysticetes」とよばれている)。これは現生種だけに慣れ親しんでいるにわかには信じがたいことかもしれないが、古生物学界では1960年代から知られている。

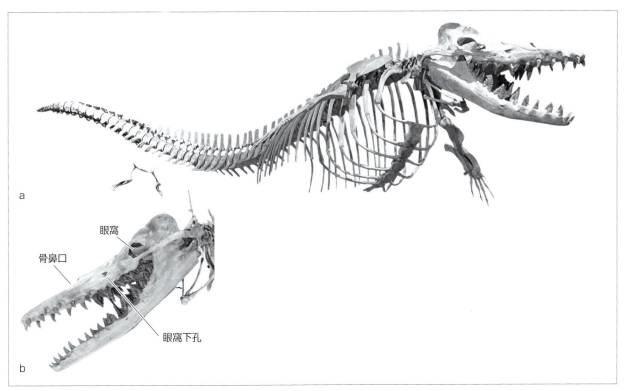

図3　ドルドン
a：全身骨格、b：頭部の骨格
始新世後期(3700万年前頃)に存在したバシロサウルス科の一種。体型は現生のクジラに近づいているが、哺乳類の基本歯式をほぼ保持しており、頬歯が二根であること、頭蓋骨が重なりあわないこと、骨鼻口が吻の前方に位置すること、眼窩下孔が単一であることなど、頭部は原始的な特徴を残している。

1．ハクジラの進化

　ハクジラの祖先と目される化石標本は、もっとも古いものでもヒゲクジラより時代が若干新しく、頭蓋の構造も原始クジラのそれからかなり変化している。中間段階を知るには原始クジラからハクジラへと進化の舵を切った頃の化石が必要である。ハクジラの頭蓋の変形はエコーロケーションに関連することが多いと思われ、逆にいえばエコーロケーション能力の獲得をもって「ハクジラ」とよぶことができるだろう。ではエコーロケーションが可能な頭蓋とは骨学的にどのような構造だろうか。「第1章　頭の骨」で扱ったように、ハクジラの頭蓋のなかでもっとも目立つ特徴は、上顎骨(上行突起)の後方への拡大およびそれに伴う前頭骨の被覆(上顎骨が後方に拡大し前頭骨が覆われる様子は化石から推定することができる)と、エコーロケーションに必須の器官であるメロンと鼻(噴気孔)周囲の音波発生器およびその調節にかかわる顔面筋群を収める構造である。メロンと音波発生関連構造は軟組織だが、前上顎骨と上顎骨背面のくぼみとしてその存在を推定できる。現段階ではそれぞれが足並みを揃えて変化してきたのか、起源は別で、すべて(あるいはいくつか)が合わさることで機能的刷新が起こった(すなわち、エコーロケーション能が獲得された)のかについては不明である。およそ3000万年前よりもあとの時代から、さまざまな形態のハクジラが現れ、栄枯盛衰を経て現在に至るが、なかにはセイウチのような外観の頭部を持つものや上あご先端よりも下あご先端が極端に長く前方に伸びたもの、逆にカジキのように上あご先端が下あご先端を越えて前方に伸びたものなど、現生種からは想像しにくい形態の種も存在した。

2．ヒゲクジラの進化

　ヒゲクジラのヒゲクジラたる所以は、やはりその名の由来となった**ヒゲ板 baleen plates**である。しかしヒゲ板の出現した時期や当時のヒゲ板の様相についてはよくわからない。ヒゲ板は化石として残りにくいため、現時点では歯のあるヒゲクジラにヒゲ板があったのか直接確認することはできない。そのため、ヒゲ板の痕跡が残るとすれば吻部の口蓋面なのではないかとの見地から、ヒゲ板の存在を推定しようとする試みがなされている。現生種では上顎骨歯槽突起にヒゲ板を養う複数の孔(溝、あるいは種によっては裂孔とよぶ

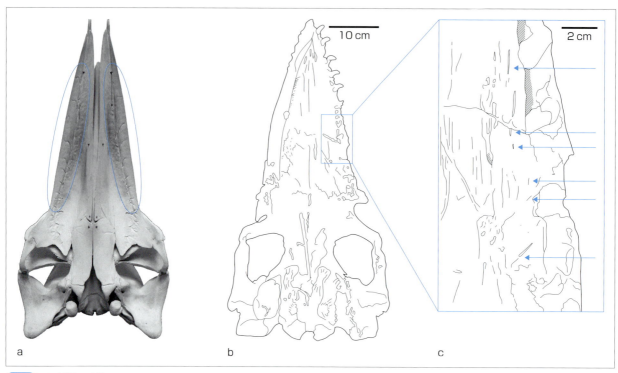

図4 ヒゲ板の痕跡
a：ミンククジラの頭蓋、b：エティオケタス・ウェルトニの頭蓋(模式図)、c：bの拡大図
現生種(ミンククジラ)の頭蓋をみると、吻にヒゲ板の付着していた痕跡が認められる(a：囲み)。化石種(エティオケタス・ウェルトニ)の頭蓋にも似たような痕が認められるが(c：矢印)、ヒゲ板の痕跡であるかどうかは意見が分かれている。

(b、cは文献1をもとに作成)

のがふさわしい形状のもの)が開いていることから(図4a)、化石種にも同様の構造があるかどうかが鍵となる。歯槽内側に複数の孔とそれに付随する溝がみられる化石があり(図4b、c)、それらがヒゲ板の存在を示すものなのかについて論争が繰り広げられている。興味深いのは、ヒゲクジラの頭蓋は、ヒゲ板の有無が確定されなくてもその独特の構造から認識可能ということである。ヒゲクジラとハクジラは歯かヒゲ板の存在だけで区別されるわけではなく、頭蓋の基本構造で区別されうる(「第1章　頭の骨」参照)。ヒゲクジラ特有の頭蓋の構造がヒゲ板の存在、ひいては摂食様式と関連している可能性は排除できないが、ヒゲ板を持っていたとは到底思えない原始クジラのような外観を呈する化石ヒゲクジラの頭蓋でも、すでにいくつかの形質がヒゲクジラの方向に変化している様子がみられる。ただし、ヒゲクジラ的頭蓋構造にどのような機能的な意義があったかについての我々の理解が足りないため、ヒゲクジラの頭蓋構造の獲得の背景については現時点ではわからない。このように、ヒゲ板獲得の詳細については不明な点があるものの、いったんヒゲ板が獲得されてしまった後には多様な種類が現れ、最終的に歯のあるヒゲクジラは絶滅してしまった。

原始クジラと現生クジラをつなぐ

　原始クジラと現生ハクジラ・ヒゲクジラとの形態差は細かくみると非常に大きいが、それらのあいだに漸新世のクジラを配置すると、形態の変化を比較的理解しやすい。以下にいくつか例を挙げる。

①歯の形状

　原始クジラは異型歯であり、バシロサウルス科は頬歯の歯冠に副咬頭が発達してギザギザしている(図5a)。漸新世のクジラの化石をみると、ハクジラ(図5b)、ヒゲクジラ(図5c)とも歯冠に副咬頭がある。歯の大きさや副咬頭の発達程度はバシロサウルス科のミニチュアのようなものであり、副咬頭のパターンもバシロサウルス科とは詳細が異なっているが、祖先-子孫関係を彷彿とさせるには十分である。また、バシロサウルス科では頬歯が二根であるが、漸新世の化石でも同様の状態である。ハクジラに典型的な円錐状の歯冠を備えた単根歯(図5d)への最初の変化がいつ頃起こったかについてはわかっていない。いくつかの分類群で独立して起こった可能性もある。

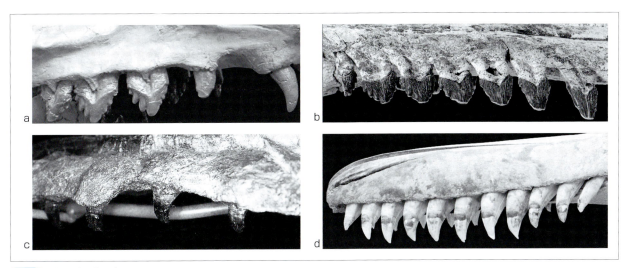

図5 歯の形の移り変わり
a：バシロサウルス科の歯、b：スクアロドン科の歯、c：エティオケタスの歯、d：シャチの歯
バシロサウルス科(原始クジラ)の頰歯は二根で、歯冠に副咬頭が発達している(a)。漸新世のスクアロドン科やエティオケタスも同様に二根で副咬頭を持つが、その発達は弱く、パターンもバシロサウルス科とは異なっている(b、c)。現生ハクジラは円錐状の歯冠を備えた単根歯となる(d)。

②歯の数

原始クジラの段階では哺乳類の基本歯式からあまり逸脱しないものが多いが、ハクジラになると種によって歯の数が極端に増減する。多歯性の獲得も歯冠・歯根の構造の変化同様、いつ頃どのような分類群でなされたかについては不明である。

③側頭窩

原始クジラでは左右の側頭窩に挟まれた脳函部分(intertemporal constriction)が細く前後に長いが(図6a)、現生のほとんどの種では、頭蓋の著しい変化によりそれに相当する部分は認識しにくくなっている(図6c)。しかし、これも漸新世の種(図6b)をみると側頭窩が次第に縮小して左右に離れてきた様子がわかる。

④上顎骨上行突起

ハクジラではその存在を特徴づけるほど特異な構造である。原始クジラから段階的に上行突起が発達する様子が化石からわかる(図6)。おそらくエコーロケーションと関連する変化と思われ、ヒゲクジラにある同名の構造とは本質的に異なる。

⑤骨鼻口の位置

原始クジラではパキケタスのように吻の先端にあるが、次第に後退し、現生ハクジラでは眼窩よりも後ろに位置する種もある(図6)。

⑥眼窩下孔

眼窩下孔は多くの哺乳類で左右1つずつの孔であるが、クジラでは複数化している(図7)。ハクジラでもヒゲクジラでも複数化していることから、両者の共通祖先の段階ですでに複数化していたことが推察される。ただし、複数化することでどのような機能的変化が起こったかが不明であるため、ハクジラとヒゲクジラで独立して生じた可能性の検証が厳密にはできない。眼窩下孔が複数ある原始クジラはみつかっているが、それが新鯨類の複数化した眼窩下孔と関連があるのか、たまたま複数化(眼窩下孔に限らずある単一の孔が何らかの理由で複数化することは現生種でも高い頻度でみられる)しているのかは、個体数が少ないせいもあり定かでない。

このように、祖先と子孫の末端同士を見比べているだけではわかりにくい構造変化の様子も、途中段階の化石を考慮することで理解しやすくなる利点がある。しかし、そのためには**相同性**という概念を導入しなければ、表面上の類似性に惑わされるおそれがある(**コラム②参照**)。

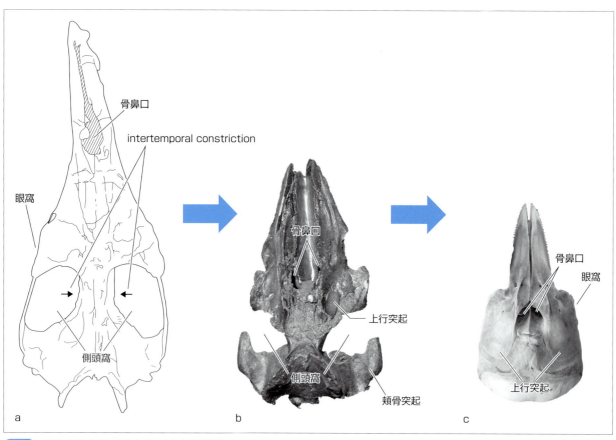

図6 頭蓋の形の移り変わり(いずれも背側観)

a：始新世(3800〜3300万年前)の原始クジラの頭蓋(模式図)、b：漸新世(3200〜2700万年前)のハクジラの頭蓋、c：現生のハクジラの頭蓋
原始クジラでは側頭窩や頬骨突起が背面から認められる(a)。骨鼻口は吻部にあり、上行突起は発達していない(a)。漸新世のハクジラは発達した上行突起がある一方、intertemporal constriction も残っている(b)。現生のハクジラでは側頭窩や頬骨突起が背面からみえない種が多く、上行突起が発達している(c)。

(aは文献2をもとに作成)

図7 現生ハクジラの眼窩下孔

一般的な哺乳類と異なり、眼窩下孔が複数開いている。

■参考文献

1) Deméré TA, Berta A. Skull anatomy of the oligocene toothed mysticete *Aetioceus weltoni* (Mammalia; Cetacea): implications for mysticete evolution and functional anatomy. *Zool J Linnean Soc*. 154: 308-352, 2008.

2) Martínez-Cáceres M, Lambert O, de Muizon C. The anatomy and phylogenetic affinities of Cynthiacetus peruvianus, a large dorudonlike basilosaurid (Cetacea, Mammalia) from the late Eocene of Peru. *Geodiversitas*. 39: 7-163, 2017.

第3章　進化

コラム①：クジラは偶蹄類か？

　生物の進化を前提とする場合、祖先と子孫の系統関係を追求するにはどうすればよいだろうか。ある化石同士あるいは化石と現生種の形態が似ていても"他人の空似"である可能性があるし（進化学的には**収斂**とよばれる）、逆に系統的に近縁関係にあっても、生態が異なるために形態も異なり、一瞥しただけでは近縁であることがわからないこともある。

　本文で詳述したように、クジラの系統はパキケタスからはじまって現生種まで途切れなく続くと考えられるが、そのことを証明するためには、すべてに共通する特徴（形質）を見出さなければならない。そもそもクジラ体型ではないパキケタスがなぜクジラの祖先だと推定されるのか。有力な理由は耳の骨である（図）。鼓室胞（耳包骨）と耳周骨の2つの要素からなり、鼓室胞は薄い骨壁（外唇）と分厚く重い塊状の部分（内唇）からなる、薄い骨壁には、機能的意義は不明だがS字状突起という構造が、さらにその前方には鼓室胞に骨性癒合したツチ骨があるといった耳の骨の一連の構造は、現生のハクジラとヒゲクジラに共通するもので、それぞれの化石種、そしてパキケタスにもみられる。それゆえ、パキケタスがクジラの祖先であると推定できるのである。

　また、クジラがほかのどんな哺乳類と近縁であるのかも、共通の形質に着目することでみえてくる。パキケタスの距骨[*1]は、一方が脛の骨と関節し、反対側はほかの足根骨と関節する独特の関節面（滑車）を有し、両端とも滑らかでわずかにくぼんで溝をなす二重滑車とよばれる構造となっている。これは偶蹄類と共通の特徴である。このことから、クジラが偶蹄類の仲間であることが広く受け入れられた[*2]。体重を支える足の中心軸が偶蹄類と同様に第3～4趾の指のあいだにくるということも、クジラの祖先種が偶蹄類に属することを支持する形質である。

コラム②：相同と相似

　動物（ここでは脊椎動物）は、分類群ごとにさまざまな構造を取りながらも、共通する基本形態とよべるあるパターンを保持している場合がある。たとえばイヌの前肢、鳥の翼、ヒトの腕、イルカの胸鰭は、すべて共通祖先である四足動物の前肢を起源としている。進化に伴って共通祖先から枝分かれするなかで、さまざまに形態を変化させながらも一定のパターン（この場合、肩甲骨-上腕骨-橈骨・尺骨-手根骨-指骨。手根骨や指骨の数は分類群によって異なる）を保持した結果と解釈できる。さらに機能的な異質さを備えた例が耳小骨である。哺乳類は3つの耳小骨（ツチ骨、キヌタ骨、アブミ骨）を有する。このうちアブミ骨はほかの四足動物の中耳にある耳小柱に由来するが、ツチ骨とキヌタ骨はいずれも爬虫類の下顎骨の要素（それぞれ関節骨と方形骨とよばれる）に由来することが古生物学／発生学的証拠から明らかにされている。機能的には咀嚼器から聴覚器への転換が起こっているが、相対的位置関係は耳小骨間の関節で保存されている。このように、それぞれが異なる機能を有していても、共通祖先から受け継がれた構造が共通している関係を**相同**とよぶ。この用語はもともと進化的な意味合いを内包しているわけではなかったが、ダーウィン以後に生物の進化的変遷が認められたことで、祖先が共通しているがゆえの形質の共通性として認識されることになった。

　ちなみに、まったく別の系統に属し、構造の系統的・発生的由来、そして形態が違うにもかかわらず、似た機能を有する構造を**相似**とよぶ。たとえば昆虫の翅と鳥の翼は、空を飛ぶという同一の機能の実現のために、それぞれまったく起源の異なる構造から発生しており、相似に該当する。

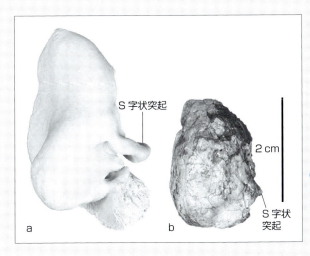

図　鼓室胞の比較
a：バンドウイルカの鼓室胞、b：パキケタスの鼓室胞
クジラ特有の構造であるS字状突起がパキケタスの鼓室胞にも認められる。これがパキケタスを最古のクジラとする根拠のひとつになっている。

[*1]：哺乳類の足首には足根骨とよばれる複数の骨があり（種類によって数は異なる）、脛の骨と関節するものとして距骨がある。
[*2]：パキケタスがみつかる以前から、分子生物学的にクジラが偶蹄類と近縁であることは指摘されていたが、化石種や現生種から得られる形態学的データでその関係を明確に示すものがなかったため、形態学的観点からの偶蹄類-クジラ近縁説の受容は、パキケタスの研究まで待たなくてはならなかった。

第4章

ハクジラの発声メカニズムに関する解剖学的特徴

はじめに

 これまでも述べてきたように、現生ハクジラを解剖学的、進化学的にほかの動物と区別するもっとも大きな特徴はエコーロケーション能といえる。

 ハクジラのエコーロケーションには、頭蓋と軟組織の非相称性だけでなく、頭蓋背面のくぼみや前頭骨の背面を覆う上顎骨、耳周骨と鼓室胞のユニットで構成され頭蓋の骨から半ば独立している耳の骨、下顎骨の大きな音響窓(パンボーン)、いずれもが関連すると考えられている。本書では主に骨を扱っているが、その変化の理解のためにもこれらの機能について理解することは重要である。

 しかし、多くの書籍やウェブサイトに掲載されているハクジラの発声器官の図(図1)は、どうにもイメージがつかみにくいものである。そこで本章では、これまでに報告されている発声メカニズムに関する知見を簡単にまとめたうえで、主にクリックス音についての見解を述べる。

 本章では主にマイルカ科の発声メカニズムについて解説するが、発声メカニズムについての一般的なイメージを持ってもらうために必要に応じて他種についても触れるようにしている。

発声メカニズム仮説

 図2にヒトの喉頭の構造を示す。多くの哺乳類は、肺から送られた呼気で喉頭にある声帯を振動させ、さらに口腔や舌で共鳴を調節することで声を発している(構音あるいは調音)。一連の動きは、もっとも長い脳神経である迷走神経由来の反回神経をはじめ、顔面神経、舌下神経、三叉神経、舌咽神経といった多くの神経の共同作業によって支配されている。

 かつては、ハクジラも同様に喉頭を音源としていると考えられていた(喉頭音源仮説)[6,22,23,25]。実際、ハクジラの喉頭をみると声帯に似たひだがあり、一見発声ができそうである[6,26](図3)。しかし、このひだは発声器官としては形態が不十分で、ヒトの声帯が原音を発させるような微細な調節はしにくい。1973年にEvansらは、空気で鼻栓を動かすことで、鼻栓と骨鼻腔との摩擦によって音を出していると説明した(鼻栓音源仮説)[17]。1990年代にCranfordのグループは、彼らが**monkey lips and dorsal bursae complex**(**MLDB**)とよぶ鼻道周辺の複合器官を発声器として提示した(**MLDB仮説**)[9~15]。鼻道を通る空気により、鼻道に突出した粘膜ひだであるmonkey lips(phonic lipsともよばれる)と、そのすぐ裏に位置する脂肪塊dorsal bursaeを振動させ、前方に張り出した脂肪体である**メロン**を通して水中へ振動を伝えるというのが彼らの仮説である。この説はさまざまな客観的事実や検証実験から確からしいとされ、現在ではほぼ異論がない。すなわちハクジラは口ではなく、額のようにみえる鼻で"音を出す"のである(図4)。

 MLDBを組織染色と走査電子顕微鏡で観察してみると、粘膜上皮と粘膜固有層浅層とを併せた部分(声帯層構造で**カバー**とよばれ、波動運動に関与しているとされる部分)はやや疎で、確かにヒトの声帯のように振動しやすい構造をしているようである(図5)。

 メロンは、海水と音響インピーダンスが近く音減衰の少ない**音響脂肪**を含んでいる。MLDBから水面界

第4章 ハクジラの発声メカニズムに関する解剖学的特徴

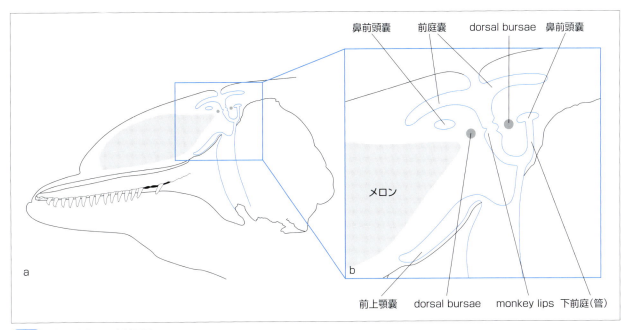

図1 鼻腔構造の正中断面図
a：頭部の全体図、b：a の囲み部分の拡大図
原音は MLDB で生じる。MLDB の振動の調節に鼻前頭嚢が関与している。MLDB と鼻前頭嚢の位置に注意（本文参照）。

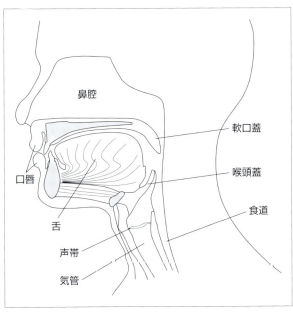

図2 ヒトの喉頭の断面図
声帯で産生された喉頭原音は、上方に続く付属管腔すなわち声道（咽頭、口腔、鼻腔）を構成する各器官の形状が変化することによってあるものは強められ、あるものは弱められてさまざまな音をつくる。

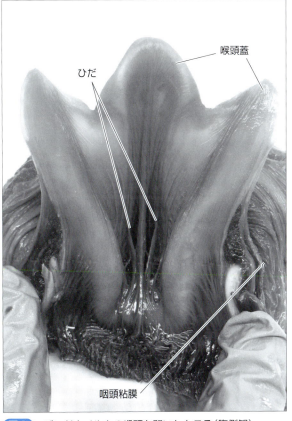

図3 バンドウイルカの喉頭を開いたところ（腹側観）
バンドウイルカの喉頭を腹側からみるとひだが存在することがわかるが、原音を発生させるためには、ひだが互いに打ち合わさり、周期的な開閉運動が行われる必要がある。このひだは未発達で、十分な開閉は難しい。

105

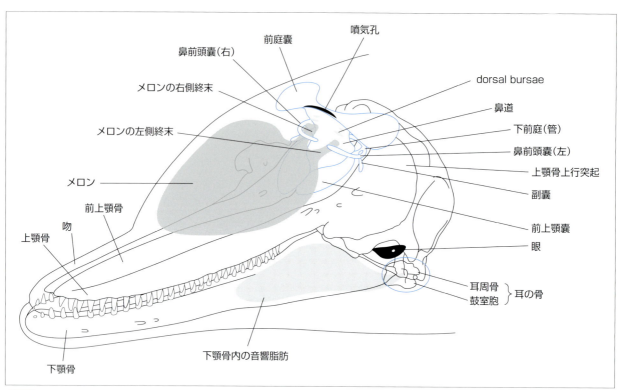

図4 イルカの発声器官
頭の骨と発声器官の位置関係を示す。発声器官と受信器官が背側と腹側に分かれていることに注意。

（文献8をもとに作成）

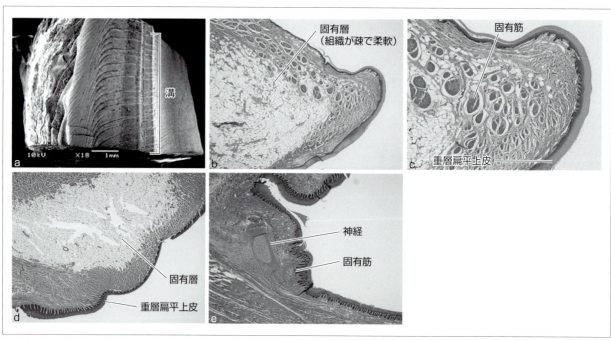

図5 MLDB の組織像
a：オガワコマッコウ（電子顕微鏡像）、b：オガワコマッコウ（HE 染色、弱拡大）、c：オガワコマッコウ（HE 染色、強拡大）、d：イロワケイルカ（HE 染色、弱拡大）、e：イロワケイルカ（HE 染色、強拡大）
MLDB には空気の流れる方向に沿った溝が認められる（a）。固有層は疎で柔軟であり、振動しやすいと思われる（b、d）。膠原線維の中に固有筋の筋束がみられる（c）。固有筋の走行は複雑である（e）。

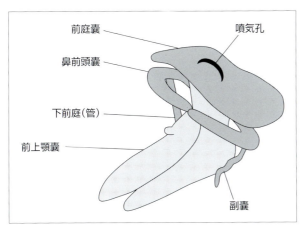

図6 ハクジラの鼻嚢
前庭嚢、鼻前頭嚢、前上顎嚢の3つの嚢からなっている。

面へ向かって音響インピーダンスに勾配をつけることで、音響インピーダンスの異なる空気と水とを橋渡しし、音響エネルギーを鼻部から海水へと届けている。また、高周波音を屈折させる音響レンズとしての役割も持っている。これにより、クリックスをビーム状に放出することに寄与する(ただし、Au や Aroyan らによるとこれだけでは指向性を持たせるには不十分で、さらに頭蓋背面の凹形態が重要な役割を果たしているとされる[2,5])。

鼻嚢

クジラが発声するうえでの問題は空気の確保である。常に豊富な空気を利用できる陸棲哺乳類とは異なり、クジラは潜水しているあいだ外から空気を取り入れることができないため、体内に発声のための空気を確保しておかなければならない。そのために獲得された構造が**鼻嚢** nasal sac である。MLDBは頭頂部に開いた噴気孔と骨鼻口のあいだを通る鼻道のほぼ中間部に位置し、その前後を3対の鼻嚢が取り囲んでいる。潜水中は鼻嚢を含めた鼻腔内で空気を行き来させることで monkey lips を振動させている。

3対の鼻嚢は、噴気孔直下から骨鼻口に向かって上から順に**前庭嚢** vestibular sac、**鼻前頭嚢** nasofrontal sac、**前上顎嚢** premaxillary sac とよばれる。1本のゴムの筒があちこち外に出っ張って嚢状に伸びたイメージである(図6)。多くの種はこれを基本形にしている(種によってほかに小さな sac がある場合もある)。鼻前頭嚢は鼻道の尾側から MLDB の左右を通って吻側まで回り込んでいる。鼻道と左右がそれぞ

れ下前庭(管)inferior vestibule とよばれる細長い管で繋がり、この接続部を底辺とするU字をしている。前上顎嚢の底面部はそのまま前上顎嚢窩 premaxillary sac fossa の形を反映している。

鼻部の筋のはたらき

鼻部の筋は基本的に3つの鼻嚢に向かって頭骨の周辺(とくに上顎骨)から放射状に走っている(図7)。Huberはこれらが陸棲哺乳類の鼻部にある上顎鼻唇筋 maxillonasolabial muscle と相同であると考え[18]、Lawrence らや Mead、Rodionov らはそれをおおむね5〜6層に分けて記載した(いずれも同じ筋由来という考え方)[20,21,28]。本章ではこの考え方を採用している。

浅層では上顎鼻唇筋の後外側部 pars posteroexternus、中間部 pars intermedius が前庭嚢を上から、一部は挟みこむように覆い、これらの収縮により前庭嚢内の空気が押し出される(図8a)。前庭嚢の下部にある鼻道への出口は狭窄部となり、その外側に前外側部 pars anteroexternus が付着する。前外側部が弛緩すると前庭嚢の鼻道への出口は閉じ、収縮すると開く。こうして前庭嚢内の空気が調整される(図8b)。

最下層の前上顎嚢の背側面を覆うのは鼻栓筋 nasal plug muscle である。弛緩時に前上顎嚢を圧迫し、収縮時に前上顎嚢の背側壁を引き上げることで空気量を調整している。これら上顎鼻唇筋と鼻栓筋のはたらきによって前庭嚢と前上顎嚢のあいだで空気を往復させ、その空気の流れを利用して MLDB で発声している。

ネズミイルカ科、イロワケイルカでは鼻前頭嚢の噴気孔前方部は硬い結合組織中に埋もれているが、後方部から噴気孔靱帯、鼻道背面部にかけていくつかの小さな内在筋 intrinsic muscle が存在する。下前庭(管)の基部にも鼻前頭嚢の開閉にかかわる小さな靱帯がある。発声直前に骨鼻腔内圧が上がると、MLDBが振動する直前にこれらの筋肉(および鼻道前方にある鼻栓筋)のはたらきによって鼻前頭嚢内に空気が送られ、MLDB との接触状態(発声)が微調整される(図8c)。また、吻側の鼻前頭嚢は MLDB からメロンへと音響脂肪が連なっているちょうど天井部分にあり、大きな音響インピーダンスの差によって上方への音の拡散を遮断していると思われる。

吻側筋 rostral muscle は吻側にあり、上顎骨からメロンへ直接入り込んでいる垂直部とメロン長軸に沿っ

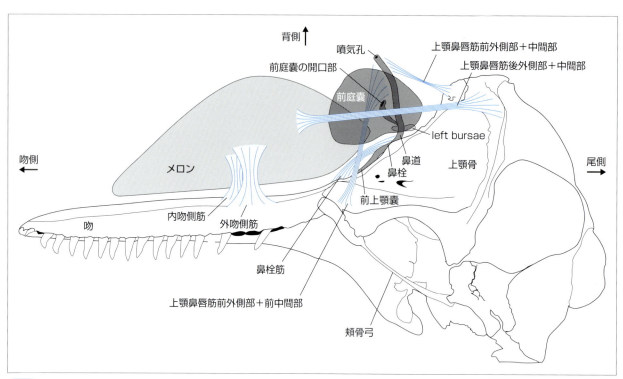

図7 ネズミイルカの筋走行
上顎骨からはじまった各筋群は鼻道周囲の各鼻嚢へ向かうものとメロンへ向かうものとがあり、それぞれ鼻嚢の拡張と収縮、メロンの形状の変化を司る。

（文献19をもとに作成）

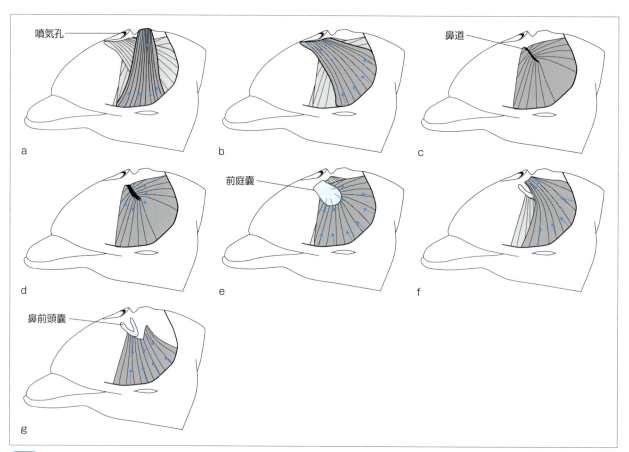

図8 筋の収縮と空気の流れ
上顎鼻唇筋後外側部の収縮（a）と上顎鼻唇筋中間部の収縮（b）により前庭嚢から空気が押し出される。鼻道狭窄部に終止する上顎鼻唇筋前外側部（c）が収縮すると鼻道が開き（d）、前庭嚢に空気が送り込まれる（e）。鼻前頭嚢後部および周辺の噴気孔鞘帯に終止する上顎鼻唇筋後外側部が収縮すると鼻前頭嚢はつぶれ（f）、上顎鼻唇筋前外側部が収縮すると鼻前頭嚢は広がる（g）。

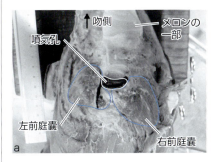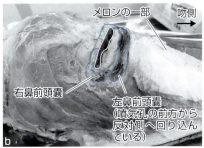

図9 イロワケイルカの鼻嚢の左右差
a：前庭嚢、b：鼻前頭嚢、c：前上顎嚢
イロワケイルカの頭骨はほとんど左右相称であるが、前庭嚢、鼻前頭嚢には著しい左右差がみられる。

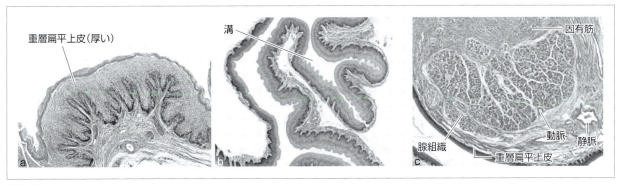

図10 イロワケイルカの鼻嚢の組織像
a：前庭嚢の組織像（HE染色）、b：鼻前頭嚢の組織像（HE染色）、c：前上顎嚢の組織像（HE染色）
前庭嚢は上皮の角化が進んでおり、機械的ストレスに強く伸縮力に長ける（a）。左の鼻前頭嚢は長軸方向に溝があり、単純な管腔構造である（b）。前上顎嚢は腺組織が豊富である。

て走る筋束とを持ち、収縮によりメロンの厚みと長さを変えることができる。

左右非相称性

第1章で述べたように、ハクジラの頭蓋背側面は左右非相称で、左へ歪み右側が比較的大きい[24]。MLDBも左右非相称で、左右の差により周波数の異なる音を出すといわれる[14]。

鼻嚢の相称性は種によってさまざまである。頭蓋の非相称性が比較的強いマイルカ科は、前上顎嚢には右が大きく左が小さいという傾向があるのに対し、前庭嚢にはそれほど差が認められない。逆に頭蓋の非相称性が弱いネズミイルカ科やイロワケイルカでは、前上顎嚢にあまり左右差が認められないのに対し、前庭嚢には認められる（底部のひだが大きく、一部の種には軟骨も存在する、図9）。鼻前頭嚢は左右非相称傾向が強く、右側が吻側に大きく張り出すもの（カマイルカ）や、左側がほとんどないもの（ハナゴンドウ）、逆に右側がほとんどないもの（イロワケイルカ、図9）、左右差がほとんどなく扁平であるもの（イシイルカ）など種間差異が大きい。すなわち、頭蓋の非相称性と鼻嚢の非相称性は、直接骨と接している前上顎嚢では相関が明らかであるが、前庭嚢や鼻前頭嚢でははっきりしないなど種間差異が大きい。したがって、その解釈には注意が必要である。Domerはクリックスの発生と右側の鼻栓の動きを結びつけ、ホイッスルの発生と左側の鼻栓の動きを結びつけている[16]。またAroyanは構造的音響モデルを用いて、イルカのクリックスのビームパターンの発信源は右のMLDBの約1cm下であるとしている[1〜4]。

神経支配について

筋と神経には基本的に対応関係がある。神経がいくつかの筋に枝を出す場合、その分岐には一定の秩序が認められる。比較解剖学的に相同性を議論する際に、神経と筋の位置関係や神経走行はきわめて重要な材料

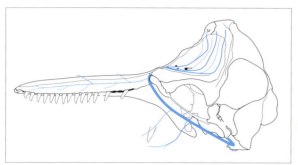

図11 顔面神経の走行
耳骨から出た顔面神経は前頭側へ向かい眼窩前切痕へ達する。そこから吻端へ向かう枝と上顎骨上の筋群中に伸びる枝に大きく分かれる。

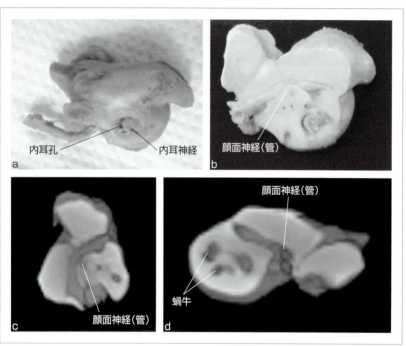

図12 スナメリの耳周骨
a：内側面、b：切断面、c：マイクロCT像（横断面）、d：マイクロCT像（矢状断面）
ほかの哺乳類同様、顔面神経（管）は屈曲しており、細い空間を通り抜けている。

となる。

　ヒトやイヌの顔面神経は、脳から出たあと内耳孔から側頭骨内へ侵入し、顔面神経管を通り茎乳突孔より頭蓋を出たのち、表情筋や咀嚼筋の一部、頸部の皮筋に枝を伸ばしその運動を支配する。クジラでもその走行は基本的に同じである（図11）。ただ、ヒトの顔面神経管から茎乳突孔にあたる経路はクジラでは耳周骨に開く。顔面神経管はヒトと同じで屈曲している（図12）。耳周骨から出てすぐに顎二腹筋後腹枝を出した後、本幹は前方に走りつつ細い枝を後方に出して、一部は皮下に至る。そのまま顔面神経本幹を追うと、あまり大きく広がらずに頬骨弓に沿って眼輪筋、口輪筋、頬筋枝を出しながら眼窩下縁の深部を上顎骨にある眼窩前切痕まで走行し、反転する際に吻側へ枝を分けながら、頭蓋背側面に広がる表情筋である上顎鼻唇筋へ下から侵入する（陸棲哺乳類の多くは筋の表面から侵入する）。また咬筋を貫いて下顎神経との交通枝を持つ。求心性感覚神経はほかの哺乳類同様、三叉神経支配である。すなわちMLDBでの発声を操る（元）表情筋群は運動神経である顔面神経支配である。

　ハクジラの発声器とされるMLDBは、一般的な哺乳類の発声器である喉頭の声帯と相同な器官ではなく、「声を出す」という似たはたらきをする相似器官である。発声器の進化の過程は、クジラの進化のなかでもっとも驚くべき大変換である。

音の受信

　対象物から反射した音は主に下顎骨のパンボーン（音響窓）から脂肪層へ入り、鼓室胞の外唇へ伝えられる。下顎骨の脂肪層は形がはっきりしていて、後部に行くにつれて広がっていく円筒状の塊である。この脂肪層はメロンと同様に音減衰が少ない音響脂肪である[32,33]（図4）。

コラム①：顔面神経麻痺仮説

　クジラは肺呼吸をするために、空気を使った振動を発声源とする制約からは逃れられなかった。空気と水の音響インピーダンスには大きな差があるため、両者のあいだを音波が行き来する際には必ず一定の情報が失われる。

　クジラは、おそらくその情報の喪失を減らすために中耳腔から空気を追い出し（これは簡単にできる。滲出性中耳炎と同じである）、もともと左右に分かれ、耳に近い位置にある下顎骨（内の音響脂肪）で音を受けとることにしたのだろう（これはほかの動物でもよく行われていることである）。さらに音同士の干渉を避けるために、そこからなるべく遠い場所で、かつ運動神経支配のできる位置（すなわち鼻）へ発声装置をずらしたのではないかと考えられる。これは呼吸のために鼻孔を頭頂部へ移す変化とたまたま連動したか、あるいは協調したのであろう。

　しかし、そのために表情筋群を発声筋につくり変えたことで、クジラは結果として長い顔面神経を持つことになってしまった。長い神経が障害されやすいのは医学では常識である。ほかの動物で生じるような反回神経麻痺や顔面神経麻痺がクジラでも生じる可能性は低くない。ヒトの反回神経麻痺、顔面神経麻痺の主な原因となるヘルペスウイルス科ウイルスの感染は、イルカでも報告がある。顔面神経が麻痺すればエコーロケーションはできなくなるため、これがストランディングを引き起こす原因のひとつになっている可能性もある。

コラム②：高周波狭帯域クリックス利用種の解剖学的特徴

　ハクジラのクリックスは、ネズミイルカのような130 kHz周辺に鋭いピークを持つ高周波狭帯域クリックスと、バンドウイルカ（ハンドウイルカ）のように30〜100 kHzにかけて穏やかなピークを持つ広帯域クリックスの2種類に大別される。

　一般にエコーロケーションにおいては、放射波の周波数が高くなるほど距離分解能や方位分解能が向上する。したがって高周波狭帯域クリックスは広帯域クリックスより対象物の形状や種類をより正確に識別できる。一方で、音波は周波数が高いほど減衰しやすいため、高周波狭帯域クリックスの探知可能距離は広帯域クリックスより短くなる。

　現在、高周波狭帯域クリックスを用いることが確認されているのは、ネズミイルカ科6種、マイルカ科カマイルカ属2種、セッパリイルカ属4種、コマッコウ科コマッコウ属2種、ラプラタカワイルカ科1種である。これらの種と広帯域クリックスを利用する種とのあいだには、いくつかの解剖学的な違いがある。

　音響物理学的には、MLDBが生み出す振動はすべて広帯域クリックスになる。これを高周波狭帯域クリックスにするためには、音を伝搬する過程で特定の周波数帯域をカットする必要がある。そのための機構として動物が獲得しやすいと考えられるのは、干渉型消音（とくにサイドブランチ型）である。これは一般に自動車やダクトの騒音低減のために用いられるしくみである。音源とつながっている主管路にブランチ（脇道）を設け、一部の音波がブランチに入るようにする。ブランチに入った音波は、内部で反射して主管路に戻ってくるが、このとき、ブランチを通過した分位相が遅れる。この遅れが音源から発生している音波とちょうど逆位相になるようにブランチの大きさを調節すると、音源から発生した音波とブランチ内で反射した音波が打ち消し合って消音効果が生まれる。

　さて、高周波狭帯域クリックス利用種にこのようなしくみはあるだろうか。

　ネズミイルカ科では、MLDBとメロンの中間面に、天井を覆うように位置する前庭嚢下面の深いひだが、その役割を担っているとされる（図A）。ラプラタカワイルカ科では右側の前庭嚢内部に同様の隔壁構造があると報告されている。コマッコウ属ではphonic lipsの正面に存在するクッションとよばれるスポンジ状の線維組織にその機能があるとされる（図B）。カマイルカ属の2種（ミナミカマイルカ、ハラジロカマイルカ）ではいまだ詳細な解剖報告がない。カマイルカ属はメロンが落花生あるいはひょうたん型ともいうべき変わった形をしているが、これが関連しているのかどうかは不明である。セッパリイルカ属の4種は前庭嚢下面にひだがあるものの、それほど深くはない。

　近年、セッパリイルカのクリックスはネズミイルカのクリックスとは異なり、上限が250 kHzに及ぶ独特な周波数特性を示すことが明らかとなった[30]。飼育下のイロワケイルカが、コミュニケーションをとる対象に応じて異なる周波数スペクトルのクリックスを発することも報告され、能動的にクリックスの周波数を変えることができるのではないかとも考えられている[27]。セッパリイルカ属のイロワケイルカはネズミイルカのクリックスのように100 kHz以上の高周波数成分からなり、帯域幅がバンドウイルカのクリックスに似て比較的広い、いわば"高周波広帯域クリックス"をMLDBレベルで生成できている可能性がある。

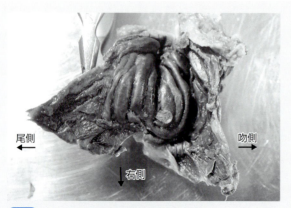

図A ネズミイルカの左前庭嚢の深いひだ
天蓋をひらいたところ。

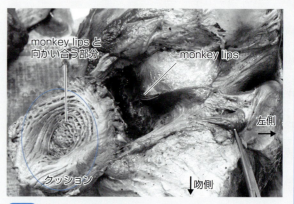

図B オガワコマッコウのmonkey lipsとクッション
左から開いてクッションを反転させ、monkey lipsと向かい合う部分を展開している。

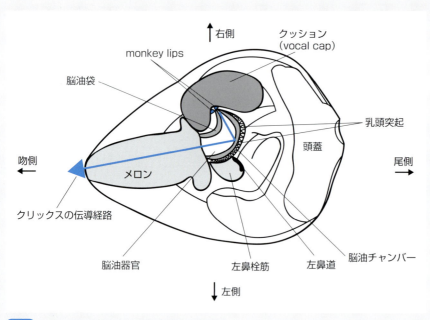

図C コマッコウ科における発声器官の模式図
monkey lipsから発せられた原音はクッションによる干渉を受けつつ脳油器官からメロンを通じて放射面から海中へ放たれる。

（文献7、29をもとに作成）

■参考文献

1) Aroyan JL, Cranford TW, Kent J. et al. Computer modeling of acoustic beam formation in *Delphinus delphis*. *J Acoust Soc Am*. 92: 2539-2545, 1992.

2) Aroyan JL. Three-dimensional numerical simulation of biosonar signal emission and reception in the common dolphin. Ph.D. Thesis, University of Carifornia, Santa Cruz. 1996.

3) Aroyan JL, McDonald MA, Webb SP, et al. Acoustic models of sound prodctuin and progagation. *In* Au WWL, Popper AN, FayRR, (eds): Springer Handbook of Auditory Research Vol 12, Hearing by Whales and Dolphins. Springer-Verlag. 2000, pp409-469.

4) Aroyan JL. Three-dimensional modeling of hearing in *Delphinus delphis*. *J Acoust Soc Am*. 110: 3305-3318, 2001.

5) Au WWL. The Sonar of Dolphins. Springer-Verlag. 1993.

6) Blevins CE, Parkins BJ. Functional anatomy of the porpoise larynx. *Am J Anat*. 138: 151-163, 1973.

7) Clarke MR. Production and control of sound by the small sperm whales, *Kogia breviceps* and *K. sima* and their implications for other Cetacea. *J Mar Biol Assoc UK*. 83: 241-263, 2003.

8) Cozzi B, Huggenberger S, Oelschläger H. Anatomy of Dolphins. Elsevier Academic Press. 2016.

9) Cranford TW. The anatomy of acoustic structures in the spinner dolphin forehead as shown by X-ray computed tomography and computer graphics. In Nachtigall PE, Moore PWB, (eds): Animal sonar: processes and performance. Plenum Press. 1988, pp67-77.

10) Cranford TW. Functional morphology of the odontocete forehead: Implications for sound generation. Ph.D. Thesis, University of California, Santa Cruz. 1992, pp261-276.

11) Cranford TW, Amundin M, Norris KS. Functional morphology and homology in the odontocete nasal complex: implications for sound generation. *J Morphol*. 228: 223-285, 1996.

12) Cranford TW, Van Bonn WG, Chaplin MS, et al. Visualizing dolphin sonar signal generation using high-speed video endoscopy. *J Acount Soc Am*. 102: 3123, 1997.

13) Cranford TW. The sperm whale's nose: Sexual selection on a grand scale? *Mar Mamm Sci*. 15: 1133-1157, 1999.

14) Cranford TW. In search of impulse sound sources in odontocetes. In Au WWL, Popper AN, Fay RR, (eds): Hearing by Whales and Dolphins. Springer. 2000, pp109-155.

15) Cranford TW, Elsberry WR, Van Bonnc WG, et al. Observation and analysis of sonar signal generation in the bottlenose dolphin (*Tursiops truncatus*): Evidence for two sonar sources. *J Exp Mar Biol Ecol*. 407: 81-96, 2011.

16) Domer KJ. Mechanism of sound production and air recycling in delphinids: cineradiographic evidence. *J Acoust Soc Am*. 65: 229-239, 1979.

17) Evans WE. Echolocation by marine delphinids and one species of fresh-water dolphin. *J Acoust Soc Am*. 54: 191-199, 1973.

18) Huber E. Anatomical notes on Pinnipedia and Cetacea. *Carnegie Institution, Contrib Palaeontol*. 4: 105-136, 1934.

19) Huggenberger S, Rauschmann MA, Vogl TJ, er al. Functional morphology of the nasal complex in the harbor porpoise (*Phocoena phocoena* L.). *Anat Rec*. 292: 902-920, 2009.

20) Lawrence B, Schevill WE. The functional anatomy of the delphinid nose. *Bull Mus Comp Zool*. 114: 103-151, 1956.

21) Mead JG. Anatomy of the external nasal passages and facial complex in the delphinidae (Mammalia: Cetacea). *Smithson contrib zool*. 207: 1-35, 1975.

22) Murie J. Notes on the white-beaked bottlenose, *Lagenorhynchus albirostris*, Gray. *Zool J Linn Soc*. 11: 141-153, 1870.

23) Murie J. Risso's Grampus: G. rissoanus (Desm.). *J Anat Physiol*. 5: 118-420, 1870.

24) Ness AR. A measure of asymmetry of the skull of odontocete whales. *J Zool*. 153: 209-221, 1967.

25) Purves PE, Pilleri G. Echolocation in Whales and Dolphins. Academic Press. 1983.

26) Reidenberg JS, Laitman JT. Existence of vocal folds in the larynx of odontoceti (toothed whales). *Anat Rec*. 221: 884-891, 1988.

27) Reyes MVR, Tossenberger VP, Iñiguez MA, et al. Communication sounds of commerson's dolphins (*Cephalorhynchus commersonii*) and contextual use of vocalizations. *Mar Mamm Sci*. 32: 1219-1233, 2016.

28) Rodionov VA, Markov VI. Functional anatomy of the nasal system in the bottlenose dolphin. In Thomas JA, Kastelein RA, Supin AY, (eds): Marine Mammal Sensory Systems. Springer. 1992, pp147-177.

29) Thornton SW, Mclellan WA, Rommel SA, et al. Morphology of the Nasal Apparatus in Pygmy (*Kogia Breviceps*) and Dwarf (*K. Sima*) Sperm Whales. *Anat Rec*. 298: 1301-1326, 2015.

30) Tougaard J, Kyhn LA. Echolocation sounds of hourglass dolphins (*Lagenorhynchus cruciger*) are similar to the narrow band high-frequency echolocation sounds of the dolphin genus Cephalorhynchus. *Mar Mamm Sci*. 26: 239-245, 2010. doi: 10.1111/j.1748-7692.2009.00307.x

31) Varanasi U, Feldman HR, Malins DC. Molecular basis for formation of lipid sound lens in echolocating cetaceans. *Nature*. 255: 340-343, 1975.

32) Varanasi U, Malins DC. Triacylglycerols characteristic of porpoise acoustic tissues: molecular structures of diisovaleroylglycerides. *Science*. 176: 926-928, 1972.

33) Varanasi U, Malins DC, Unique lipids of the porpoise (*Tursiops gilli*): differences in triacyl glycerols and wax esters of acoustic (mandibular canal and melon) and blubber tissues. *Biochim Biophys Acta*. 231: 415-418, 1971.

34) 植草康浩、小寺　稜．イルカ発声メカニズムに関する解剖学的特徴．勇魚．66：5-13，2017．

35) 黒田実加．小型ハクジラ類の頭部発音器官におけるクリックスの伝搬経路と周波数帯域決定過程の音響学的検討．北海道大学博士論文．2018．

第5章
骨標本作製法

はじめに

クジラの骨標本作製についての書籍は、本書執筆時点ではほとんどみあたらない。そこで、本章では骨標本作製法についてまとめる。

これまで多くの骨標本の作製法が考案されてきた。郡司はそれらを①長期間放置、②加熱、③薬品を使用、④生物を使用の4つに大別している[13]。これらの方法にはそれぞれ長所・短所があり、標本化する動物種により向き・不向きがある。同一種においても個体により方法を変える場合もある。万能な方法は未だ開発されておらず、目的と対象によってその都度適切な方法を選択することが望ましい。

クジラをはじめとする海棲哺乳類の骨組織は、陸棲哺乳類の骨組織に比べ脂質の含有量が非常に多い。そのため、海棲哺乳類の骨標本を陸棲哺乳類と同様の手順で作製した場合、標本に脂が残ってのちにカビが発生することがある。

長期間放置法

軟組織が腐敗し分解されるまで放置する方法である。大型のクジラでは、加熱する設備に入らない、薬品を用いると大量に必要になる、といった理由からこの方法がよく用いられる。もっとも手間のかからない方法である反面、長期間にわたり死体が腐敗臭を放つため場所を選ぶ。大気中・土中・水中と、放置する場所によりまったく異なる変化をする。

1. 大気中放置法

軟組織を最低限取り除いたあと、戸外で野晒しにする。手間がかからず、放置型の標本作製法のなかでは短期間で作製が可能である。大きさにもよるが、夏季など昆虫の活動が活発な時期ならば数週間で軟組織は分解される。

細かい骨がある場合は、金網で囲むなど鳥獣に持ち去られないように工夫が必要である。また、強い腐敗臭が発せられ腐肉食性昆虫が集まるため(図1)、人によっては不快に感じるかもしれない。作製時期の気温が低いと腐敗が進まずミイラ化することがある。また、脂が抜けるのに時間がかかって仕上がるまでに地衣やカビが生えるなどして骨が傷むこともある。カビの種類によっては脂を抜いてくれるようであるが、コントロールできないことのほうが多い。カビが生えた際には丁寧にこそぎ落としていく。

冬季など腐敗が進みにくい場合やミイラ化した場合は、途中でひっくり返したり流水で付着物を流したりして環境を整えなおすとうまくいくこともある。

2. 土中放置法

軟組織をできるだけ取り除いたあと、土に穴を掘り数年間埋める(図2)。発掘時に場所がわからなくならないよう、埋める際に目印をつけ詳細に記録する必要がある(埋設地図を作成する場合もある)。推奨される埋設期間は2年間ほどで、長すぎると骨が脆くなりかえってよくない。進行状況の確認と紛失防止のために1年ごとに掘り返すこともある。

大気中放置法と比べほとんど腐敗臭が漏れず、腐肉食性昆虫が集まることもない。しかし、土質に左右さ

図1　大気中に放置中のツチクジラ
白くみえるのはすべてハエの幼虫（蛆虫）である。

図2　土中放置法
小さい骨を洗濯ネットなどに入れ、紛失しないようにする。寒冷紗などを穴の底に敷き、死体にもかけて埋めるとあとからでも埋設場所がわかりやすい。

図3　3ヶ月間水中放置したオタリアの頭蓋（参考例）
写真の標本は肉が一部残っていたため、加熱法と組み合わせて仕上げた。

れ場合によっては屍蠟化することもある。土中の鉄分が沈着して変色したり、植物の根などが絡まったりして骨がやや傷みやすい。また、この方法も土質によっては脂が抜けにくい。海岸の砂などに比べて、山中の土質は比較的脂が抜けにくい。

　埋めたあとに土中で死体が移動し、発掘時に発見できないことがある。骨の紛失を防ぐために敷物をすることもあるが、ブルーシートを用いると水が下方にうまく抜けず、シート側が屍蠟化してしまうことがある。敷物は寒冷紗（荒く平織に織り込んだ布）が望ましい。

3．水中放置法

　軟組織をできるだけ取り除いたあと、樽などに張った水の中に数ヶ月間沈め放置する（図3）。取り上げたあと表面をブラシや指などでこすって洗浄し、パイプ洗浄剤や過酸化水素などに浸け臭いを取る。そのあとはきれいな水に入れ、水を取り換えながら長期間おくと、徐々に脂が抜けてきれいになる。最後の処置を流水下でしばらく放置して行う場合もある。

　この方法は脂が抜けやすく骨の表面が風化しにくく、白くきれいな骨標本ができる。しかし、透明な容器で日向に置くと骨に苔が生えるため注意が必要である。また、水温が低いと屍蠟化しやすいため、気温の高い時期に行うのが望ましい。

　ポンプで水中に空気を送り込んで行う方法もある。ポンプは浄化槽用のエアポンプやブロアーとよばれるものを用い、先端に泡をつくる散気管を取り付ける。新鮮な死体ならばそれ自体の分解酵素により数日で骨になる。水温が体温程度であるとよく分解が進むので、温度を保つ装置も必要である。水中用のヒーターはいくつもあるので好みと予算に応じて使用されたい。水槽の容量としては40〜80Lが理想である。ただし、この方法のみでは脂が抜けない。

　いずれも死体とともに腐敗した水は非常に強い臭いを放ち、薬品処理をしないと標本に臭いが残ることがある。また、汚水の処理に困ることがある。乾燥するとあまり目立たないが、骨に黒いカビが生えることがある。大型の死体では収められる容器の確保が難しい。

　水族館や一部の水産研究施設など大量の飼育用水などを使う場所では、排水を用いて流水下に死体を放置しておく場合もある。海の近くでは海中に浸すという方法もあるが、破損や紛失が危ぶまれるため厳重な梱包が必要である（北海道大学　黒田氏私信）。我々は海中放置に取り組んだことはない。

加熱法

　死体を沈めた水を加熱し、軟組織を熱変性させることで骨から除去しやすくする。水温を80℃以上にすると標本が傷み、靱帯が硬化してかえって除去が困難になる[11]ため、60～80℃の定温で約1週間処理し、水で洗浄する。洗浄後に再び加熱することで脱脂できる[12]が、とくに脂の多い海棲哺乳類では必ずしも期待できない。洗浄後にアセトンやベンゼン、エーテルに浸けるなど、脱脂工程が別途必要なことがある。

　定温を維持するのに、温度設定が可能なバケツヒーターなどがあると便利である。調理用ステンレス製寸胴鍋とサーモスタットヒーターを組み合わせると便利である。蒸発により減少した水を補充する際は、適度に加温した湯を足すか、一時的に温度が下がるのを承知で水を入れてもよい。博物館や大学などでは、急速遺体防腐処理装置（ヒトの遺体を急速に固定するための装置で、加圧し定温を保つことができる）を動物の骨標本の作製に応用している場合もある。保温機能のついた炊飯器やスープジャーなどの調理器具も便利である。

　この方法は短時間で標本の作製が可能で、軟骨や靱帯が骨に残りにくい。しかし、強い臭いが発生し脂が抜けにくい。また、歯槽が浅く歯周靱帯が厚いハクジラでは、歯が歯槽からはずれやすい。いったん抜けるともとの位置を特定することが困難であるため、早い段階で抜歯するか、あらかじめ歯に印をつけておく必要がある。あるいは10 cm幅のリボン状に切ったガーゼを複数本つくっておき、それぞれの歯がガーゼを貫くようにしっかり噛ませたうえで、端を上あごあるいは下あごに縛りつけておくと歯が落ちないでうまくいくことがある。そのほか、ハクジラの頬骨弓は非常に細いため、頬骨弓周辺に軟組織が残ったまま加熱すると、軟組織の収縮により頬骨弓が破損することが少なくない。加熱前に頬骨弓を覆う骨膜にメスなどで切れ目を入れるか、骨膜を丁寧に除去するとよいが、それでも防げないことがある。

　幼体では加熱により骨が柔らかく脆くなり、変形が強くなる。そのため、まず水中放置法でしばらく腐敗させ、そのあとにごく短時間だけ加熱するとよい。加熱しているあいだはそばを離れず状態をみておくようにする。新生仔の場合はある程度の軟組織を取り除いたあと、熱湯を直接かけながらピンセットなどで細かい箇所を丁寧に取り除いていくこともある。魚の頭骨標本作製でたまに用いられる方法である。後述の生物使用法を採用するか、よく考えてから行う。

薬品使用法（酵素法）

　骨標本作製法のひとつに、アルカリ製剤を用いて軟組織を溶かす方法がある。しかし、クジラの骨には陸棲哺乳類の骨に比べ皮質骨が薄く粗雑な骨面があり、アルカリ製剤により骨表面が溶けやすい。代わりに蛋白分解酵素を用いた方法がしばしば使用される。

　我々が使用している酵素はビオプラーゼXL-416F（ナガセケムテックス㈱）である。この酵素は工業的にイカの皮を剥ぐために用いられている。

　濃度5％程度の酵素水溶液を鍋などに入れ、死体を浸し50～70℃に加温する。それ以上水温を上げると酵素が失活し、分解が進まなくなる。1～3日で筋や軟骨、靱帯などの軟組織はほとんど骨から分離する。

　この方法は軟組織が残りにくく短期間で標本を作製することが可能である（図4）。酵素を用いると軟組織が収縮しにくいため頬骨弓が破損する心配がなく、独特な臭いはあるものの腐敗臭はしない。一方、幼体など骨の癒合が十分でない個体では頭蓋なども各骨に分離してしまう（分離標本を作製したい場合はむしろこちらを使うこともある）ほか、薬品が高価であるという問題がある。

生物使用法（カツオブシムシ法）

　長期間放置法では昆虫や微生物によって軟組織が自然に分解されるのを待ったが、生物使用法では昆虫を飼育しておき、積極的に軟組織を食べさせる。この手法は古くから知られ、欧米の自然史博物館では100年以上前から用いられている。通称ミルワームとよばれるゴミムシダマシ類の幼虫も有用である[15]が、国内で容易に捕獲、飼育できるハラジロカツオブシムシ *Dermestes maculatus*（図5、以下カツオブシムシ）を主に利用している。

　カツオブシムシはジャーキーなどの乾燥肉を用いて集めることができる。採集できる時期は初夏から夏である。適当な容器に綿などを敷いて乾燥肉を入れ、蓋を少し開けた状態で雨の当たらない軒下などに置いておくと、すぐに成虫が集まってきて乾燥肉に卵を産みつける。生まれた幼虫に、標本にしたい死体の軟組織を食べさせる。

図4　酵素法にて半日処理したスナメリの標本
ビオプラーゼ XL-416F（ナガセケムテックス㈱）を使用。軟組織のみ分解され、頬骨弓もきれいに残る。

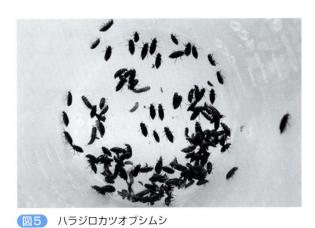

図5　ハラジロカツオブシムシ
乾燥肉があると飛翔力のある成虫が集まり、毛虫様の幼虫が主に乾燥した軟組織を食する。

図6　カツオブシムシによる軟組織の除去
バンドウイルカの頭部をカツオブシムシで処理した。
a：処理前の状態。
b：処理後の状態。条件がよければ1週間ほどでこの状態になる。

　カツオブシムシは最後まで関節の膠を食べないため、タイミングよく取り上げると、小さな動物（マウスや鳥類など）では関節がつながった状態で標本にすることができる。種子骨や舌骨の散逸を防ぐことができ、小動物の骨標本作製にとくに向くとされる[7]。

　この昆虫はハクジラの骨標本作製にも有用である。カツオブシムシを使うと、頬骨弓をはじめ微細な骨を壊さず標本にできる。また、耳周骨、鼓室胞、歯など頭蓋からはずれて紛失しやすい部分も、頭蓋との付着部が最後まで残り、乾燥による誤差はあるものの本来の位置関係を保存したまま標本化できる[3]。さらに、幼体など骨の癒合が不十分な個体でも分離させずに標本化できる（図6）。

　捕獲したカツオブシムシは衣装ケースなどを利用して飼育する。衣装ケースで飼育する場合は通気性を確保するため蓋に穴を開けるが、脱走しないよう蓋と容器のあいだに網戸の網などをはさむようにする[5]。逃がすと施設内にあるほかの剥製標本や毛皮の標本を食べてしまうなど撹乱に繋がりかねないため注意する。飼育容器内を暗くし、温度を27〜29℃に保つともっとも活動が活発になる[2]。気温が15℃を下回ると顕著に動きが鈍くなり肉を食べなくなるので、寒い時期に標本作りをする場合にはケージ内の保温が必要になる。餌の量も虫の活動に影響を及ぼすため、標本用の死体がないかもしくは少ない場合はペット用ジャーキーや煮干を与える。標本化する死体はある程度軟組織を取り除いたあとよく乾燥させ、一度冷凍してすでについているほかの虫を駆除する（虫がいなければ冷凍の工程は省ける）。カツオブシムシで処理したあとは虫をよく落とし、細かい場所に入り込んでいる虫や

図7 カツオブシムシによる固定標本の処理
a：背側観、b：腹側観
酵素法では処理できなかったが、カツオブシムシを用いるときれいに処理できた。

卵を殺すため−17〜−20℃で72時間冷凍する[2]。

この方法の欠点は虫の維持に手間がかかることである。そのほか、骨に臭いと若干の色がつくが、1％以下の過酸化水素水に一晩浸けることで対処できる。骨を白くするために漂白剤を多用する向きもあるが、海棲哺乳類は骨が脆く、ボソボソになって粉が出て標本が劣化するので注意する。

固定標本から骨標本を作製する方法

筋や神経などの軟組織を詳細に観察する場合は死体をホルマリン溶液で固定し、アルコール置換後に時間をかけて解剖する。ホルマリン固定した標本は腐敗しにくく、熱や酵素を加えても分解されないため、軟組織の観察と骨標本作製との両立は難しい。

小寺は、ホルマリンを炭酸アンモニウムで中和してからビオプラーゼを用いることで、ホルマリン固定された人体標本を骨標本化する手法を紹介している[14]。しかし、クジラではこの方法はうまくいかない（表層の筋は中和され生の組織に近くなるが、酵素を加えて加温しても軟組織は分解されない）。

クジラの場合、炭酸アンモニウムによる中和のあとでさらに乾燥させ、それからカツオブシムシに食べさせることで、骨標本を作製できる。ただし、この方法はカツオブシムシにもかなりストレスがかかるようで通常に比べて早く死んでしまうため、カツオブシムシを補充しながら処理する必要がある（図7）。

コラム：骨標本を手にしたら

骨標本を作製してまず行うべきなのは、ほかの動物種との比較検討である。クジラだけをみていても、クジラのことはわからない。本書でも随所で触れてきたが、他種との比較を行うことによって、各部の成り立ちについて理解を深めることができる。可能であればクジラ以外の動物の骨標本も入手し、見比べてみるとよい。参考にする文献も、クジラ以外の動物種に関するものまで揃えることをおすすめする。人体解剖学、獣医解剖学それぞれの成書を参照しながら個々の骨名称と成り立ちを考える作業が重要である。

あなたが獣医師であれば、検査画像の評価に骨標本を役立てられるだろう。"本物"が目の前にあれば、より詳細な読影が可能になることは論をまたない。

■参考文献

1) Hall ER, Russell WC. Dermestid beetles as an aid in cleaning bones. *J Mammal*. 14: 372-374, 1993.
2) Russell WC. Biology of the dermestid beetle with reference to skull cleaning. *J Mammal*. 28: 284-287, 1947.
3) Sommer JG, Anderson S. Cleaning skeletons with dermestid beetles-two refinements in method. *Curator*. 17: 290-298, 1974.
4) Tiemier OW. The dermestid method of cleaning skeletons. *Univ Kans Sci Bull*. 26: 377-383, 1940.
5) Vorhies CT. A chest for dermestid cleaning of skulls. *J Mammal*. 29: 188-189, 1948.
6) 伊藤春香．イルカの体に秘められたしくみの妙〜形態とその機能〜：イルカ・クジラ学〜イルカとクジラの謎に挑む〜．村山　司，中原史夫，森　恭一編．東海大学出版会．2002, pp167-187．
7) 稲葉智之．カツオブシムシを用いた骨格標本作製法．日本野生動物医学会誌．4：93-100，1999．
8) 植草康浩，小寺　稜．イルカ解剖の基礎，骨標本作製法あれこれ．勇魚．68：17-25，2018．
9) 大阪市立自然史博物館．標本の作り方〜自然を記録に残そう〜．東海大学出版会．2007．

10) 大阪市立自然史博物館. ホネで学ぶ, ホネで楽しむ（第39回特別展「ホネホネ探検隊」展解説書）. 2009.

11) 勝又 正, 横地千仭, 楠 豊和ほか. 晒し骨脱脂装置の考案ならびに屍体浸解法の検討. 解剖学雑誌. 36：99-105, 1961.

12) 河村善也, 藤田正勝. 脊椎動物の進化史と教材（3）：教材としての骨格標本の作製法. 愛知教育大学教科教育センター研究報告. 19：195-202, 1995.

13) 郡司晴元. 動物園との連携による大学院授業での骨格標本作製法～地域教育システムの充実を目指して～. 科学教育研究. 39：225-232, 2015.

14) 小寺春人. 固定標本からの骨標本作成法. 形態科学. 17：43-46, 2014.

15) 三上周治. 簡単骨格標本づくり. 理科教室. 54：66-67, 2002.

16) 盛口 満, 安田 守. 骨の学校～ぼくらの骨格標本の作り方～. 木魂社. 2001.

17) 八谷 昇, 大泰司紀之. 骨格標本作製法. 北海道大学出版会. 1994.

付録 1

骨の計測

はじめに

　研究において骨の計測が必要になる場面は少なくない。骨を測ることで動物の変異(個体変異、成長に伴う変異、性的二型、地理的変異など)を論じることがある。クジラの研究においても、骨の計測は重要な要素となる。

　本章では、近年引用されることの多い文献(ハクジラでは Perrin のもの[2]、ヒゲクジラでは Omura のもの[1])に基づき、クジラの骨の計測点について解説する。また、沖縄美ら島財団で採用されているアカボウクジラ科とコマッコウ科の頭の骨標本測定プロトコルを参考までに示しておく。

骨の測定の問題点

　人類学では、変異について検討するための骨の測定法が確立されており、計測するための基準点が骨に設定されている*。クジラにおいても、多くの研究者によって長年検討が行われてきた。しかし、統一された測定法を確立するには至っていない(**コラム②参照**)。引用されることの多い測定法はあるが、それらも完全ではない。たとえば本書で取り上げる Omura の論文にしても、測るべき部位がどこを指すのか、その定義が文として載っているだけで図示がないため[1]、研究者によって実際に測定している部位がまちまちである可能性がある。

　正確な位置を捉えにくい基準点がいくつか存在することも、クジラの骨の測定を難しくしている。たとえばハクジラの頭蓋基底長(後述)は《吻端から後頭顆の最後縁まで》とされるが[2]、後頭顆は球面なので頭部の前後方向の傾きによって長さが変わってしまう。それを解消するために、一般的には吻部が水平になるように頭蓋をおいて測定が行われるが、そもそも吻部は水平ではないのでどうしても測定誤差が出てしまう。また、「**序章　総論**」で述べたようにクジラは骨がやや多孔質で脆いため、標本作製過程やその後の展示で破砕され、正確な長さがわからなくなっている場合も少なくない。

　ヒゲクジラはその身体の大きさゆえ、通常の人体測定器 anthropometer (2 m 程度までしか測ることができない)が使用しにくいことも難点である。特注で大きなものをつくる施設もあるようだが、多くの場合、複数の測定器を用いるか、あるいは1つの測定器を複数回用いて測定するために誤差が生じる。

　過去の論文を参照する際はこれらの点に留意する必要がある。今後は、学会などで関係者が集まり、少なくとも科のレベルで主な基準点などを定める機会がもたれることが望まれる。

＊：ヒトの計測頭蓋学で基準として多く採用されているマルチン式[5]では、基準平面(フランクフルト平面、ブロッカ平面、歯槽縁線など)と正中矢状平面(ナジオン、バジオンまたはオピスチオン、ラムダまたはイニオンを通る3点)が決められており、基本的に縫合の交差点、孔の縁、隆起の最突出部位など、比較的誰でも決めやすい点が計測点として挙げられている。それらを測るための専用の測定器(頭蓋固定器、下顎角測定器、頭耳高計測器など)もあり、X線撮影における規格も定められている。それでも測定誤差は生じるため、何が信頼のおける項目で何がそうでないのか、今も検証が続いている。

マイルカ科の主な基準点

Perrinはマダライルカ、ハシナガイルカで119点の測定ポイントを示した[2)]。以下に原論文で図示されていない点を除いた112点を紹介する(図1)。

1. 頭の骨

① 頭蓋基底長：吻端から後頭顆の最後縁まで
② 吻長：吻端から左右の眼窩前切痕最後部を結ぶ線まで
③ 吻の基部の幅：左右の眼窩前切痕の最後部を結ぶ線に沿って
④ 眼窩前切痕の最後部を結ぶ線より60 mm前方での吻の幅
⑤ 吻の長さの中点における吻幅
⑥ 吻の長さの中点における前上顎骨の幅
⑦ 吻の長さの基部より3/4の点における幅
⑧ 吻端から骨鼻口まで(右の骨鼻孔の前縁まで)の長さ
⑨ 吻端から後鼻孔まで(右翼状骨の後縁正中まで)の長さ
⑩ 前眼窩の最大幅
⑪ 後眼窩の最大幅
⑫ 上眼窩の最大幅
⑬ 骨鼻口の最大幅
⑭ 左右の鱗状骨の頬骨突起間の最大幅
⑮ 前上顎骨の最大幅
⑯ 側頭窩内での左右の頭頂骨間の最大幅
⑰ 左側頭窩の最大長：隆起した鱗状骨と外後頭骨の縫合の外縁まで
⑱ 左側頭窩の最大幅：⑰と直角に測る
⑲ 左側頭窩の長径
⑳ 左側頭窩の短径
㉑ 前上顎骨の上顎骨より前方に出ている部分の長さ：背面からみて左右の上顎骨端を結ぶ線から吻端まで
㉒ 左右の鼻骨が接触している部分の最前端から項稜の最後端までの長さ
㉓ 左眼窩の長さ：眼窩前突起の頂点から眼窩後突起の後端まで
㉔ 左涙骨の眼窩前突起の長さ
㉕ 後鼻孔の最大幅
㉖ 左翼状骨の最大長
㉗ 左側鼓室胞の最大長
㉘ 左側耳周骨の最大長
㉙ 歯数(左上顎)
㉚ 歯数(右上顎)
㉛ 歯数(左下顎)
㉜ 歯数(右下顎)
㉝ 左上顎の歯列の長さ：最後の歯槽の後縁から吻端まで
㉞ 左下顎の歯列の長さ：最後の歯槽の後縁から吻端まで
㉟ 左下顎骨の最大長
㊱ 左下顎骨の最大幅
㊲ 左下顎孔の長さ(下顎頭の内側縁中央から測る)
㊳ 頭蓋背面での正中線からのずれ(角度で測る)
㊴ 底舌骨の中央線に沿った長さ
㊵ 底舌骨の最大幅
㊶ 左甲状舌骨の近位側の幅
㊷ 左甲状舌骨の最大長
㊸ 左茎状舌骨の最大幅
㊹ 左茎状舌骨の最大長

2. 体幹の骨

㊺ 胸椎数(左右で多い側の肋骨数と一致するはず)
㊻ 腰椎数
㊼ 尾椎数(脊椎の後端の非常に小さい骨片も椎骨として数える。この部分が欠けているときは、椎骨が完全でないとして数えないこととする)
㊽ 全椎骨数
㊾ 癒合している頸椎数
㊿ 環椎の前関節窩の最大幅
(51) 環椎の高さ：椎孔内側の前背縁から環椎の前面の最底部まで
(52) 環椎の横突起の長さ：前関節窩の縁から突起の最遠端まで
(53) 環椎の神経突起の最大長
(54) 軸椎の左横突起の長さ：後方関節面外側縁から突起の最遠端まで
(55) 不完全な神経弓を持つ頸椎数
(56) 垂直に貫通している孔を持つ最初の頸椎
(57) 非常に退縮した後関節突起を持つ最初の頸椎
(58) はっきりした横突起を持つ最後の椎骨
(59) はっきりした神経突起を持つ最後の椎骨
(60) 遊離した骨端板を持つ最初の椎骨
(61) 遊離した骨端板を持つ最後の椎骨
(62) 垂直の神経突起を持つ最初の尾椎

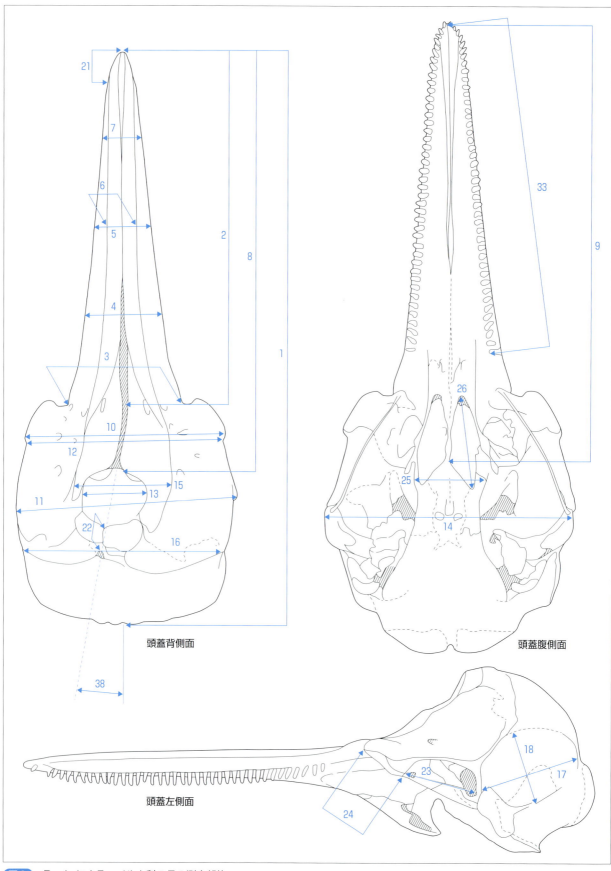

図1 Perrinによるマイルカ科の骨の測定部位

(文献2をもとに作成)

付録 1　骨の計測

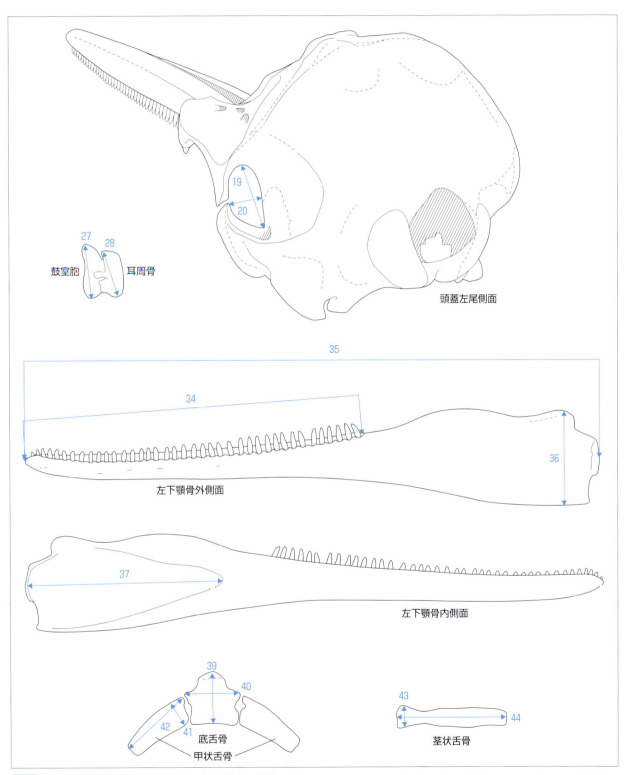

図1　Perrin によるマイルカ科の骨の測定部位（つづき）

（文献 2 をもとに作成）

(63) 第1胸椎の神経突起の長さ：椎孔の前背縁から神経突起の最遠端まで

(64) 第2胸椎の神経突起の長さ

(65) 第10胸椎の神経突起の長さ

(66) 最後の胸椎の神経突起の長さ

(67) 第1胸椎の高さ：椎孔の内側前背縁から椎体の前面底部まで

(68) 第1胸椎の最大幅：左右横突起をまたいで(横突起間の幅)

(69) 第1腰椎の高さ(図示していない)

(70) 第1腰椎の最大幅(図示していない)

(71) 肋骨数(左)

(72) 肋骨数(右)

(73) 二頭肋骨数(左)

(74) 二頭肋骨数(右)

(75) 遊離肋骨数(左)

(76) 遊離肋骨数(右)

(77) 肋間骨数(左)

(78) 肋間骨数(右)

(79) 左第1肋骨の最大長

(80) 左第1肋骨の近位湾曲部での頂点の幅

(81) 左最長肋骨の最大長

(82) 左第1肋間骨の最大長

(83) 胸骨柄の最大幅

(84) 胸骨柄の正中線に沿った長さ

(85) 胸骨柄の切れ込みの深さ

(86) 胸骨柄の孔の深さ(孔があれば)

(87) 胸骨体の数

(88) 癒合している胸骨体の数

(89) V字骨の数

(90) 癒合しているV字骨の数

(91) 最初のV字骨を持つ椎骨

(92) 最後のV字骨を持つ椎骨

(93) 最初のV字骨の左側の最大長(図示していない)

(94) 最大V字骨の左側の最大長(図示していない)

(95) 最後のV字骨の左側の最大長(図示していない)

3. 前肢骨・後肢骨

(96) 肩甲骨の高さ：関節窩の後縁からcoracovertebral angleまで

(97) 肩甲骨の長さ：関節窩の後縁からglenovertebral angleまで

(98) 烏口突起の最大長：関節窩の前縁から測る

(99) 烏口突起の最大幅

(100) 肩峰の最大幅：腹側湾曲部から脊椎側頂点まで

(101) 上腕骨の最大長(胸鰭の腹側で測る)

(102) 上腕骨の遠位での最大幅

(103) 橈骨の最大長

(104) 橈骨の最大幅

(105) 尺骨の最大長

(106) 手根骨の近位列の幅

(107) 第1指の骨化した指骨の数

(108) 第2指の骨化した指骨の数

(109) 第3指の骨化した指骨の数

(110) 第4指の骨化した指骨の数

(111) 第5指の骨化した指骨の数

(112) 左寛骨(骨盤骨)の最大長

付録1 骨の計測

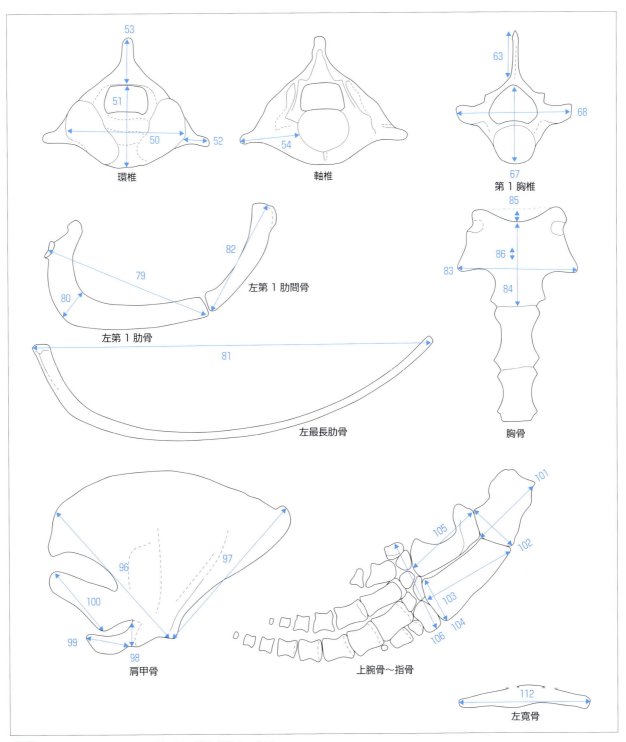

図1 Perrinによるマイルカ科の骨の測定部位(つづき)

(文献2をもとに作成)

ヒゲクジラの主な基準点

Omuraはミンククジラで80点の測定ポイントを示した[1]。以下にわかりにくい1点を除いた内容を述べる。原論文に図示はないため、頭の骨のみ筆者らが図を作成した。

1．頭の骨

① 頭蓋基底長：吻端から後頭顆の最後縁まで
② 吻長：吻端から左右の眼窩前切痕最後部を結ぶ線まで
③ 上顎骨長：上顎骨先端から上行突起先端まで
④ 前上顎骨長：前上顎骨先端から鼻突起先端まで
⑤ 吻端から大後頭孔の後端までの長さ
⑥ 吻端から翼状骨の後端までの長さ
⑦ 大後頭孔から上後頭骨までの長さ
⑧ 頭蓋の最大幅（鱗状骨間）
⑨ 吻の基部の幅
⑩ 吻の長さ中点における吻幅
⑪ 前頭骨の眼窩縁の半分の幅
⑫ 鱗状骨と後頭骨の縫合部における幅
⑬ 前上顎骨外側の最大幅
⑭ 前上顎骨内側の最大幅
⑮ 鼻骨中央部の長さ
⑯ 鼻骨先端部の幅
⑰ 右後頭顆の長径
⑱ 左後頭顆の長径
⑲ 右後頭顆の短径
⑳ 左後頭顆の短径
㉑ 右下顎骨の長さ
㉒ 左下顎骨の長さ
㉓ 右下顎骨外側縁の長さ
㉔ 左下顎骨外側縁の長さ
㉕ 右下顎骨関節突起の高さ
㉖ 左下顎骨関節突起の高さ
㉗ 右下顎骨筋突起の高さ
㉘ 左下顎骨筋突起の高さ
㉙ 右下顎骨縫合部の高さ
㉚ 大後頭孔から項稜まで
㉛ 鼓室胞の長さ
㉜ 鼓室胞の最大幅
㉝ 骨化した底舌骨と甲状舌骨の幅
㉞ 骨化した底舌骨と甲状舌骨の最大長
㉟ 骨化した底舌骨と甲状舌骨の中央部での最大長
㊱ 茎状舌骨の最大長
㊲ 茎状舌骨の最大幅

2．体幹の骨

㊳ 全椎骨数（頸椎＋胸椎＋腰椎＋尾椎）
㊴ 横突起間の最大幅
㊵ 椎体底面から神経突起先端までの最大高
㊶ 椎体中央部前面での幅
㊷ 椎体中央部前面での高さ
㊸ 椎体の長さ
㊹ 環椎の最大幅
㊺ 環椎の最大高
㊻ 軸椎の最大幅
㊼ 軸椎の最大高（後方中央部で測定）
㊽ 第1胸椎の最大幅
㊾ 第1胸椎の最大高（前方部で測定）
㊿ 第1腰椎の最大幅
51 第1腰椎の最大高
52 第1尾椎の最大幅
53 第1尾椎の最大高
54 胸骨の最大長
55 胸骨の最大幅

3．前肢骨・後肢骨

56 肩甲骨の最大幅（右側）
57 肩甲骨の最大幅（左側）
58 肩甲骨の最大長（右側）
59 肩甲骨の最大長（左側）
60 肩峰の長さ（中央部）
61 烏口突起の長さ（中央部）
62 上腕骨長
63 上腕骨中央部の幅
64 橈骨長
65 橈骨中央部の幅
66 両関節面間での尺骨長
67 肘頭からの尺骨長
68 尺骨中央部の幅
69 右指骨の数（Ⅱ＋Ⅲ＋Ⅳ＋Ⅴ）
70 左指骨の数（Ⅱ＋Ⅲ＋Ⅳ＋Ⅴ）
71 神経突起が存在する最後の椎骨
72 横突起が存在する最後の椎骨
73 横突起に腹側孔が現れる最初の椎骨
74 Ｖ字骨の背腹側間の最大高
75 Ｖ字骨の前後間の最大幅

付録1　骨の計測

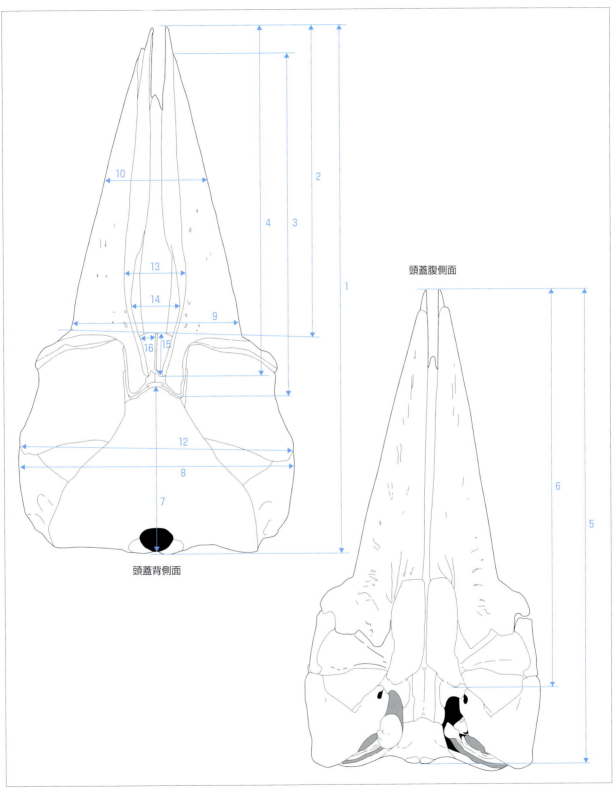

図2　Omuraによるヒゲクジラの骨の測定部位（頭の骨）

（文献1をもとに作成）

- ⑦⑥　右肋骨長
- ⑦⑦　左肋骨長
- ⑦⑧　寛骨（骨盤骨）最大長
- ⑦⑨　寛骨（骨盤骨）最大幅

沖縄美ら島財団での アカボウクジラ科の測定基準（図3）

① 頭蓋基底長：吻端から後頭顆の最後縁まで
② 吻長：吻端から左右の眼窩前切痕の最後部を結ぶ線まで
③ 吻の基部の幅：左右の眼窩前切痕の最後部を結ぶ線に沿って
④ 吻の長さの中点における幅
⑤ 吻の長さの中点における吻高（吻の厚さ）
⑥ 吻の長さの中点における前上顎骨の幅
⑦ 前上顎骨の左右の神経孔（眼窩下孔）間の距離
⑧ 左右鼻骨が接している部分の長さ
⑨ 吻端から鋤骨前端までの長さ（腹側面）
⑩ 吻端から左鼻口端までの長さ
⑪ 左右の鱗状骨の頬骨突起間の最大幅
⑫ 左右の側頭窩の後縁を結ぶ長さ
⑬ 鼓室胞（耳の骨）の最大長（左／右）
⑭ 左右の後頭顆の外側縁を結ぶ最大幅
⑮ 大後頭孔の最大幅
⑯ 頭蓋頂部から翼状骨下端までの長さ（高さ）
⑰ 下顎骨長（左／右）
⑱ 左右の下顎骨の結合部（線維軟骨結合）の長さ
⑲ 下顎骨先端から歯槽前端までの長さ（左／右）
⑳ 下顎骨先端から歯槽後端までの長さ（左／右）
㉑ 歯の形をスケッチ（長さ、幅、厚さなどを記す）

> **コラム①：その他の測定法**
>
> 1990年代頃から、一部の施設で幾何学的測定法も行われている[4]。スチールカメラ（二次元データ）で標本を撮影したり、三次元測定器（三次元データ）で標本上に測定点をとることで情報を取得する。スチールカメラ法では頭骨の配置とカメラの位置関係に留意する必要がある。小型ハクジラでは、三次元測定器としてアーム型三次元デジタイザが用いられる。アームの先についたセンサーであらかじめ定めた測定点の三次元座標を取得する。センサーには接触型と非接触型がある。標本の表面形状をデジタルデータ化できるため動かすのが難しい標本の測定に力を発揮するが、先行研究との比較が難しく、実際の大きさを記載するには不向きなこともある。そのほか、3D-CTで再構築したデータ上で基準点を取り、比較検討する方法も試みられている[3]。生きている個体からも情報を取得できるが、測定そのものに関しては従来の方法と変わらず誤差の問題をはらんでいる。

付録 1　骨の計測

アカボウクジラ科　頭骨標本測定プロトコル　　沖縄美ら島財団

種名＿＿＿＿＿＿＿＿＿＿　標本番号：＿＿＿＿＿＿　測定者名：
　　　　　　　　　　　　　　　　　　　　　　　　　年　　月　　日

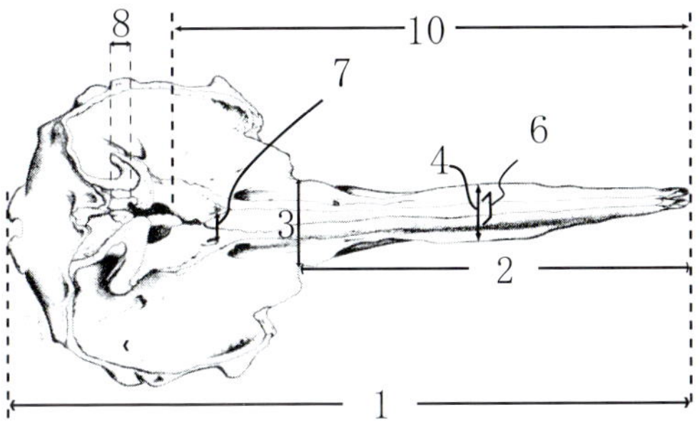

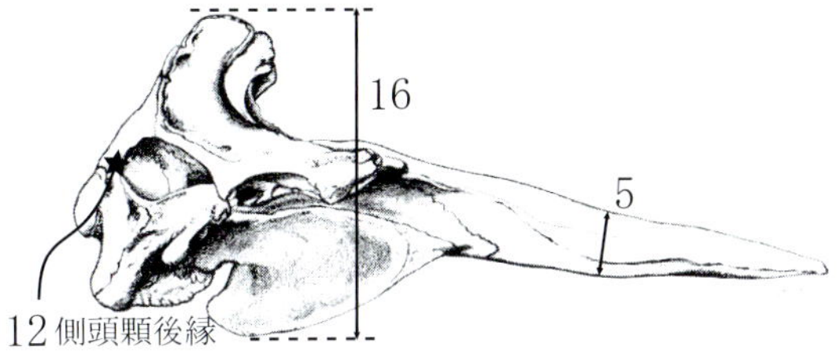

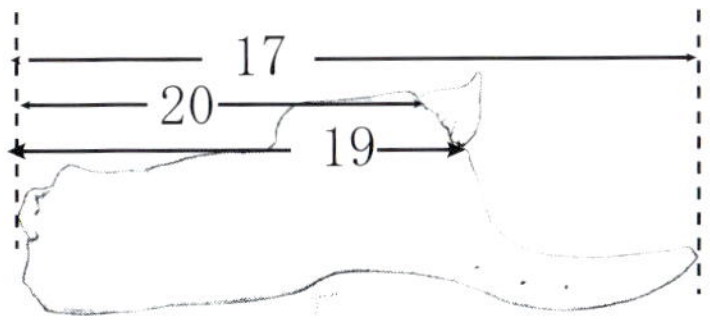

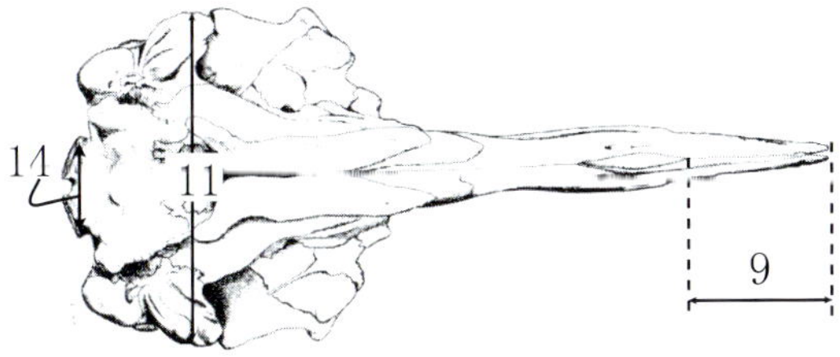

体長　　　　体重　　　　性別　♂・♀
収集日時：
収集場所：

1．全長　＿＿＿＿＿＿＿＿

2．吻長（中央部）＿＿＿＿＿＿

3．吻基部の幅　＿＿＿＿＿＿

4．吻中央部の幅　＿＿＿＿＿＿

5．吻中央部の厚さ　＿＿＿＿＿＿

6．前上顎骨中央部の幅　＿＿＿＿＿＿

7．前上顎骨の神経孔の幅＿＿＿＿＿＿

8．両鼻骨接合部の長さ　＿＿＿＿＿＿

9．吻端から鋤骨前端の長さ　＿＿＿＿＿＿

10．吻端から鼻孔までの長さ　＿＿＿＿＿＿

11．側頭鱗の頬骨突起部の最大幅　＿＿＿＿＿＿

12．側頭顆後縁の幅　＿＿＿＿＿＿

13．鼓胞（耳骨）の長さ　＿＿＿＿＿＿

14．後頭顆の幅　＿＿＿＿＿＿

15．大後頭孔の幅（図無し）＿＿＿＿＿＿

16．頭頂から翼状骨下端までの高さ　＿＿＿＿＿＿

17．下顎長　＿＿＿＿＿＿

18．下顎癒合部の長さ（図無し）＿＿＿＿＿＿

19．下顎先端から歯槽前端　＿＿＿＿＿＿

20．下顎先端から歯槽後端　＿＿＿＿＿＿

21．歯の形（長さ、幅等スケッチに記す）

備考

歯のスケッチ

図3　沖縄美ら島財団におけるアカボウクジラ科の記録用紙

沖縄美ら島財団での コマッコウ科の測定基準 (図4)

① 頭蓋基底長：吻端から後頭顆の最後縁まで
② 吻長：吻端から左右の眼窩前切痕までの長さ
③ 吻の基部の幅：左右の眼窩前切痕を結ぶ位置の幅
④ 吻の長さの中点における幅
⑤ 頭蓋：眼窩上突起前端部分の幅
⑥ 頭骨幅：眼窩上突起後端部分の幅
⑦ 頭骨幅：左右の頬骨突起を結ぶ最大幅
⑧ 頭骨の高さ（吻を床に平行に置き、頭頂からの最大長を測る）
⑨ 頭蓋頂部の幅
⑩ 後頭骨幅：左右の側頭窩の外側縁を結ぶ最短の幅
⑪ 吻端から左骨鼻口の前端までの長さ
⑫ 大後頭孔の高さ
⑬ 左右の側頭窩の後縁を結ぶ長さ
⑭ 吻端から左翼状骨の後端
⑮ 下顎長（左／右）
⑯ 下顎骨の高さ（最大部分）
⑰ 左右の下顎の結合部（線維軟骨結合）の長さ
⑱ 大後頭孔上端と頭頂を結ぶ長さ（左／右）

コラム②：骨を測るということ

　クジラの形態学に興味があるという人から「骨はどこを測ればいいのでしょうか？」と問われることがある。この質問を受けると、いつも頭を抱えてしまう。なぜなら禅問答のように、「あなたは骨のどこを測りたいのですか？」と聞き返さざるをえないからだ。

　人類学では、標本同士でさまざまな比較がしやすいよう、骨に"基準点"が定められている。研究者はそれに基づいて測定し、必要なデータを取る。しかしこれは、ヒトというひとつの種を相手にしているからできる手法である。ひとつの種内であれば、変化が現れる箇所も変化の仕方も限定されているだろうが、現生のものだけでも90種を超えるクジラでは、違うところが膨大すぎて、とても統一された基準点を定めることができない。吻の基部の幅と吻の長さの比や、吻中央部の膨らみ方、上顎骨と前上顎骨のありようや厚み……。多くの研究者がさまざまな形質に関心を持って研究を行っているが、種を同定したり、年齢や性別を推定したり、系統を追いかけたりするための材料として、「ここを測定しておけば完璧」という基準は確立されていないのである。

　したがって現状では、「測定することによって何を明らかにしたいのか？」がはっきり定まっていないと、測定部位を決めることはできない。本書に載せた測定部位はあくまでも例であり、採用するかしないかは読者（の研究内容）次第である。たとえば、過去の研究データと目の前にある標本の大きさを比較したいのであれば、本書の基準とは異なっていても、過去の研究と同じ部位を測定すべきだろう。

　逆にいえば、「骨のどこを測ればいいのか」という問いに答えが出た時点で、すでに研究課題の大半をクリアしているともいえる。健闘を祈る。

■参考文献

1) Omura H. Osteological study of the little piked whale from the coast of Japan. *Sci Rep Whale Res Inst*. 12: 1-21, 1957.

2) Perrin WF. Variation of spotted and spinner porpoise(genus *Stenella*) in the Eastern Pacific and Hawaii. *Bull Scripps Inst Oceanogr*. Vol.21, 1975.

3) Yuen HL, Tsui HCL, Kot BCW. Accuracy and reliability of cetacean cranial measurements using computed tomography three dimensional volume rendered images. *PloS One*. 12: 1-11, 2017.

4) Zelditch M, Swiderski D, SheetsH. Geometric Morphometrics for Biologist, 2nd ed. Elsevier, Academic Press. 2012.

5) 人類学講座編集委員会．人類学講座新装版 別巻1 人体計測法．雄山閣．2017．

6) 天野雅男．イルカの骨を測る．勇魚．18：1-11, 1993．

付録1　骨の計測

コマッコウ　頭骨標本測定プロトコル

沖縄美ら島財団

種名＿＿＿＿＿＿＿＿＿＿　標本番号：＿＿＿＿＿　　測定者名：

　　　　　　　　　　　　　　　　　　　　　　　　　　　年　月　日

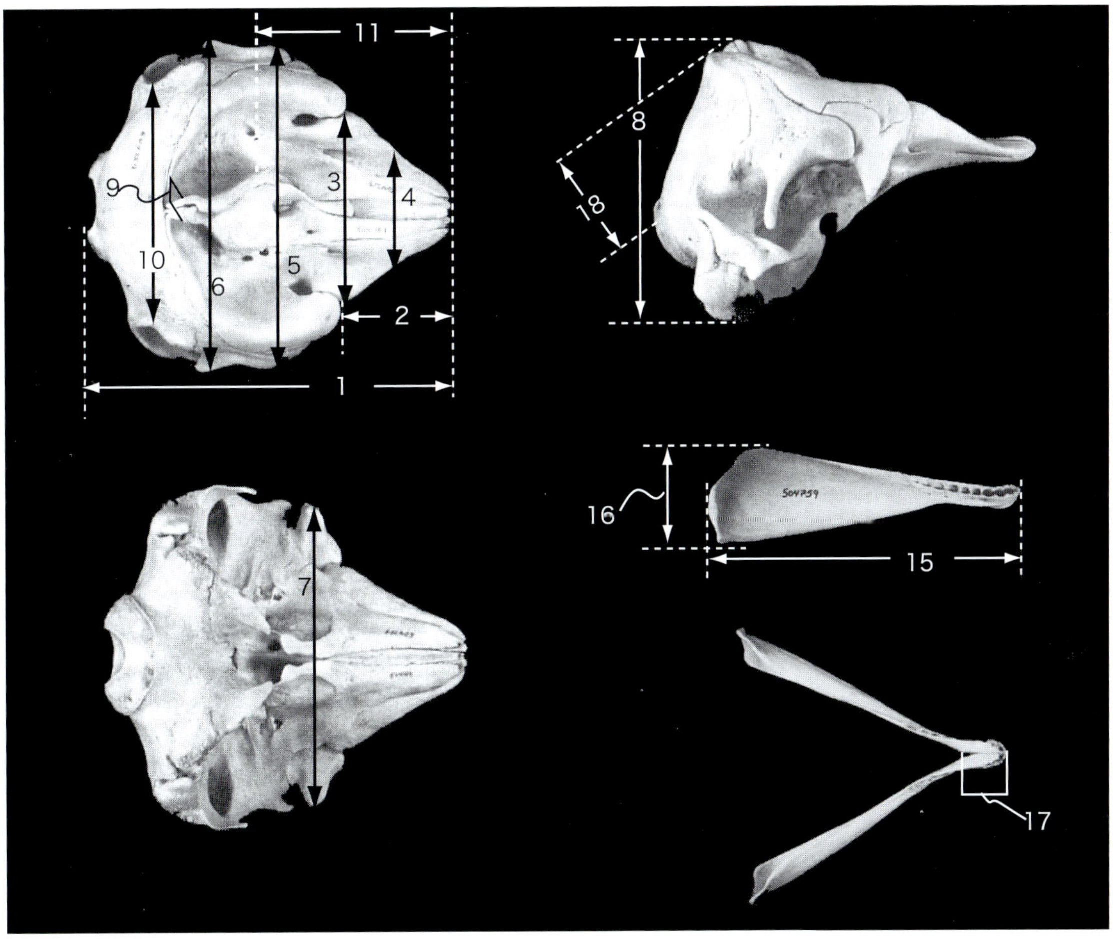

体長　　　　体重　　　　性別　♂・♀

収集日時：

収集場所：

1. 全長　　　　　　　　　　＿＿＿＿
2. 吻長　　　　　　　　　　＿＿＿＿
3. 吻基部の幅　　　　　　　＿＿＿＿
4. 吻中央部の幅　　　　　　＿＿＿＿
5. 頭骨幅（眼窩上突起前端）＿＿＿＿
6. 頭骨幅（眼窩上突起後端）＿＿＿＿
7. 頭骨幅（頬骨突起部　　）＿＿＿＿
8. 頭骨高　　　　　　　　　＿＿＿＿
9. 頭頂部の幅　　　　　　　＿＿＿＿
10. 後頭骨幅　　　　　　　 ＿＿＿＿
11. 吻端〜左鼻腔　　　　　 ＿＿＿＿
12. 大後頭孔の高さ　　　　 ＿＿＿＿
13. 両後頭顆の幅（外縁）　 ＿＿＿＿　（図なし）
14. 吻端〜翼状骨の後端　　 ＿＿＿＿
15. 下顎長　　　　　　　　 ＿＿＿＿
16. 下顎高　　　　　　　　 ＿＿＿＿
17. 下顎癒合部長　　　　　 ＿＿＿＿
18. 大後頭孔上端〜頭頂　　 ＿＿＿＿

memo
下顎歯の数　L：　　R：

図4　沖縄美ら島財団におけるコマッコウ科の記録用紙

付録 2

画像検査

はじめに

　小型ハクジラを飼育する水族館では、その健康管理のためにさまざまな検査が行われる。しかし、小型ハクジラの検査手技についてまとめられた書籍は国内ではみあたらない。読者には水族館獣医師も多いと思われるため、ここで検査手技や骨学と関連した画像解剖についても触れておく。

X線検査

1．X線検査の難点

　水族館で小型ハクジラのX線撮影を行う際には、さまざまな困難が伴う。

　撮影するには動物をプールの外に出す必要があるが、水中で生活する小型ハクジラは空気中では自重で肺が変形するため呼吸がしにくくなり、肺野読影に必要な画像も得にくくなる。また、乾燥などから守るため、水をかけながら30分以内で全作業を終える必要があるなど時間的制約がある。

　そのほか、体重が200～600 kgと重いため移動に手間がかかること、個体によっては鎮静薬の投与を考慮するが、基本的に鎮静がやや困難なこと、呼吸周期が30秒と短く撮影のタイミングを掴みにくいことなどが挙げられる。国内でもっとも飼育個体数が多いバンドウイルカ（ハンドウイルカ）は体幅が約60 cmと厚く身体に丸みがあることなどから、散乱線の発生率が上がり鮮明な画像が得にくいという難点もある。

　ヒトや伴侶動物の撮影に用いられる基本条件（管球からカセッテまでの距離を100 cmとする）では診断に必要な画像を得ることは困難であり、特別な条件設定が求められる。また、鉛板が埋蔵された専用室内での撮影は小型ハクジラのルーチンの検査には向かない。そのため以前のポータブルタイプ（回診用移動型）で、より多くの線量を出力できる撮影装置が求められる。産業動物分野で一般的に使用されている吊り下げ型のタイプでは線量が足りない。また、固定方法が吊り下げのみであるため、側面方向からの撮影時にバランスがとりにくい。このようにさまざまなハードルがあるため、水族館での小型ハクジラのX線検査は敬遠されがちである。

2．手技

　以下に全長250 cm、体重200 kgの小型ハクジラを想定したX線検査法を示す。

　前述のように空気中では自重による負荷がかかるため、専用の担架（図1a）や低反発マットレスなどの使用が望ましい。

　被曝を避けるため、撮影時は半径3 m以内に立ち入らないように境界を設け、やむなく立ち入る際には防護服着用を徹底することなどは通常と同様である。

　担架シートが重なった状態で撮影するとその陰影が読影の妨げとなるため、可能であれば動物を担架シートから出し、身体に直接カセッテを当てて撮影する。

　背腹像（DV）は動物を保定し上から撮影する（図1b）。身体の厚みを考慮し、カセッテ（グリッドを含む）から160～200 cmを標準距離として撮影する。

　側方像（LT）は保定台を用いて動物を持ち上げ側面から撮影するか（図1c）、動物を側臥位にしてカセッテの上に乗せて撮影する。

散乱線を抑えるためグリッド(図2)はほぼ必須である。撮影部位により10：1と12：1の2種類を使い分ける。近年はデジタルX線機器(Digital Radiography)が多くの施設で導入され、より簡便に検査が可能になった。

肺野の診断を行う画像を得るには吸気直後に撮影し、ほかの部位を評価したい場合は逆に呼気後の動きの少ないタイミングで撮影を行うとよい。

バンドウイルカ以上のサイズになるといわゆる汎用半切カセッテで左右の肺野を同時に撮影することが困難となるため、片方ずつ撮影することが望ましい。

個体の大きさなどにより異なるが、バンドウイルカやオキゴンドウでは90～120 kV、60～200 mAsの条件で鮮明な肺野や脊椎の画像を得ることができる。この条件で、歯を含めた頭頸部の評価(図3、6)、肺野の評価(図4、5)が可能である。誤飲や創傷などによる体内異物の確認(図7)にも力を発揮する。

なお、撮影時には以下のことに注意する。

- 解剖学的に正位で観察することを心掛ける。
- 頭蓋骨格が手に入れば、かたわらに置いて比較しながら読影する。
- 水中の条件とは異なることに注意する(自重による胸郭の変形や肺の潰れなど)。
- 鎮静下の個体では、呼吸変動や体動によるアーティファクトが生じる。
- 少なくとも骨条件(骨を基本に描出した条件)、肺野条件(肺野を中心に描出した条件)の2つは確認する。

図1 バンドウイルカのX撮影の様子
a・d：シワハイルカ、b・c：ミナミバンドウイルカ
専用の担架を用いて保定し(a)、管球からの距離をきちんと測って撮影する(b)。背腹像(DV)では高さが必要になるため、クレーンで管球を持ち上げる(c)。dは歯を含む頭部撮影の様子である。

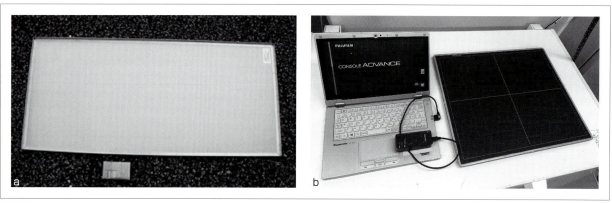

図2 X線撮影用の器機
a：長尺カセッテ用のグリッドとグリッドケース、b：デジタルX線検査器機

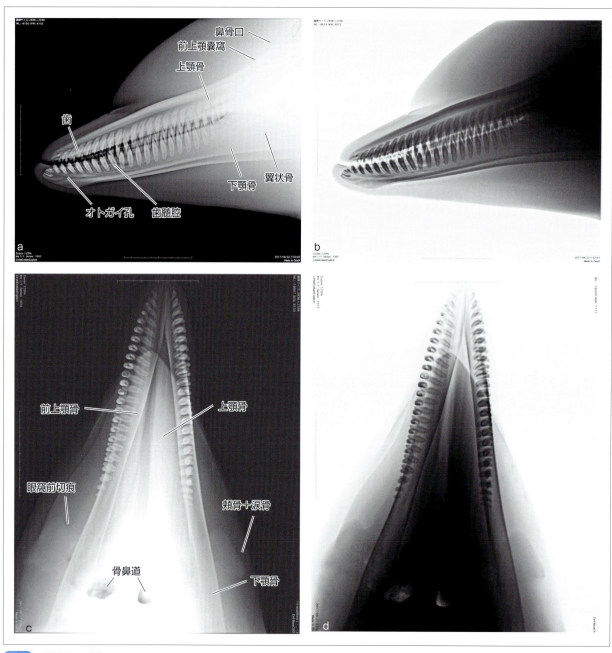

図3 顎骨のX線像
a：側方像、b：側方像（コントラスト反転）、c：背腹像、d：背腹像（コントラスト反転）
バンドウイルカ、雌、飼育歴4年。

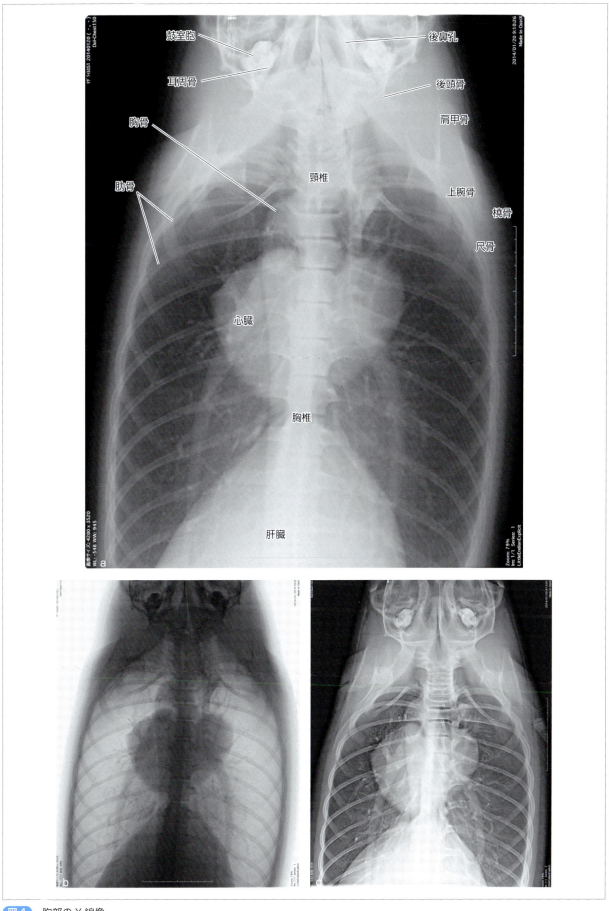

図4 胸部のX線像
a：背腹像（骨条件）、b：背腹像（コントラスト反転）、c：背腹像（肺野条件）
マダライルカ、雄、飼育歴6年。

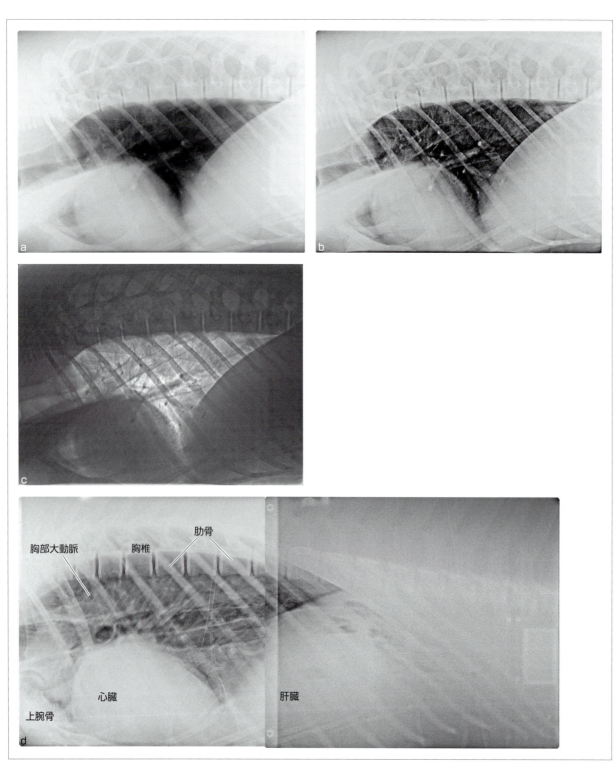

図5 胸部のX線像
a：側方像(骨条件)、b：側方像(肺条件)、c：側方像(コントラスト反転)、d：長尺側方像(肺条件)
a〜cはミナミバンドウイルカ、雌、19歳。dはバンドウイルカ、雄、23歳。

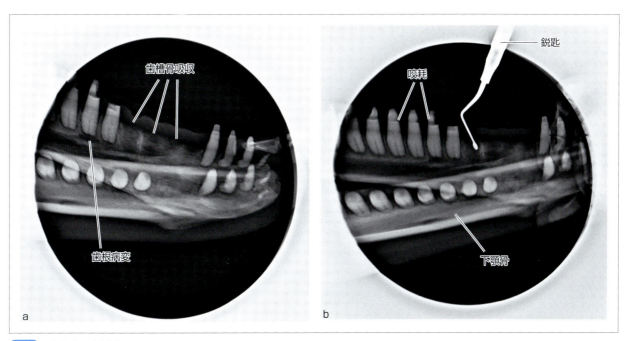

図6 歯周病・歯髄炎
a：術前のX線像、b：術中のX線像
バンドウイルカ、雌、29歳。歯肉増殖と歯の動揺がみられたため、歯科エンジンで一部歯冠部を削合し、一部は抜歯を行い、歯槽窩の不良肉芽を掻爬した(b)。

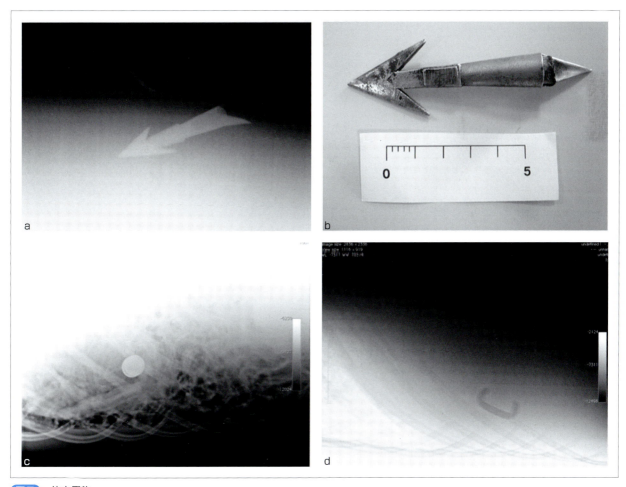

図7 体内異物
a：体内に銛が刺さっていたオキゴンドウ（雌、飼育歴6年）のX線像、b：摘出された銛、c：コインを誤飲したバンドウイルカのX線像、d：金具を誤飲したバンドウイルカのX線像

コンピュータ断層撮影

一部の水族館ではコンピュータ断層撮影(CT)装置が導入されている。鎮静が必要になるもののX線検査よりも多くの情報を得ることができ、診断に効果を発揮している。3D画像は便利であるが、まずは断層画像で読影することを心掛ける。

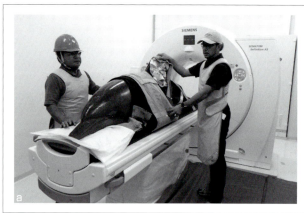

図8 ミナミバンドウイルカのCT撮影
a：CT撮影時の様子、b：ガンドリー内の様子

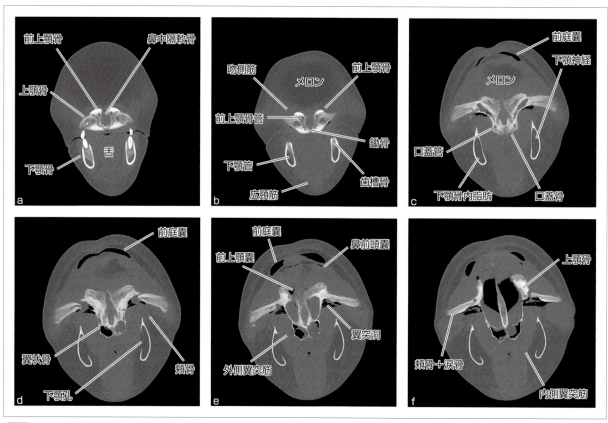

図9 頭部のCT横断像(バンドウイルカ)
雌、20歳。吻側から順に表示している。

(次ページへつづく)

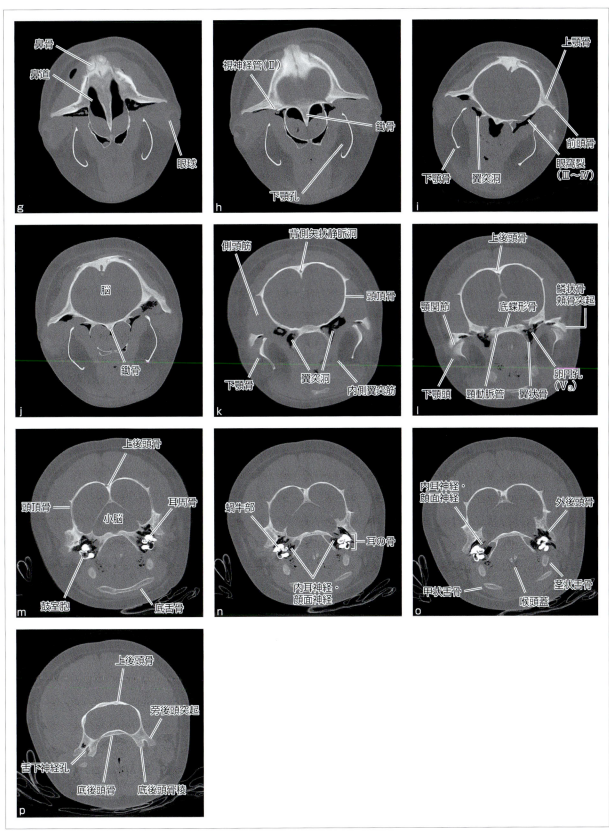

図9 頭部のCT横断像（バンドウイルカ）（つづき）

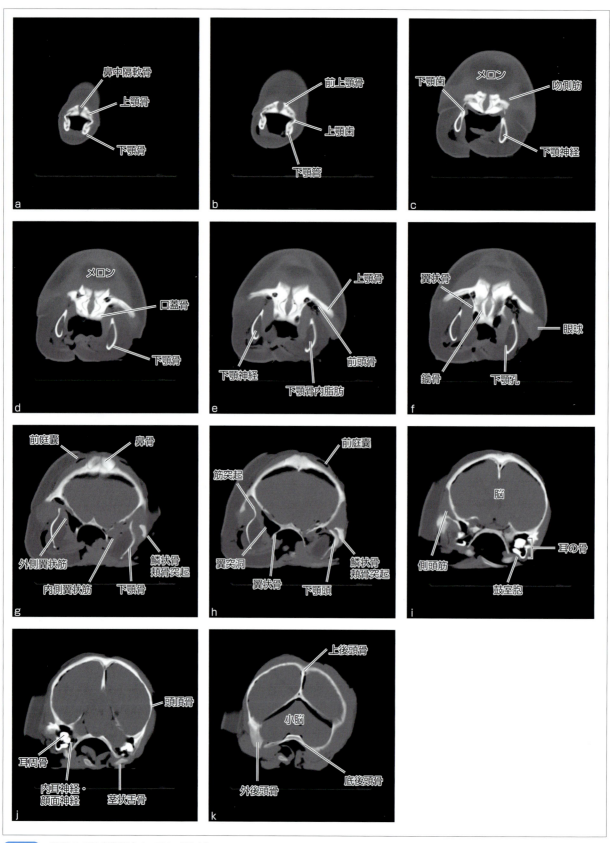

図10 頭部のCT横断像（イロワケイルカ）

雌、年齢不明。吻側から順に表示している。舌と表皮の一部は描出されていない。

付録2 画像検査

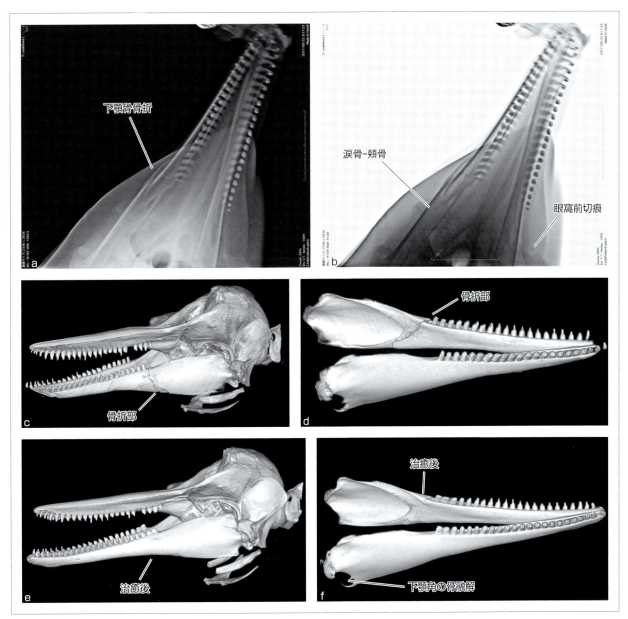

図11 下顎骨骨折
a：X線像（背腹像）、b：X線像（コントラスト反転、背腹像）、c：CT像（外側観）、d：CT像（内側観）、e：治癒後のCT像（外側観）、f：治癒後のCT像（内側観）
ミナミバンドウイルカ，雌，19歳。食欲が落ちたため、全身検索の目的で鎮静下CTを行ったところ下顎骨骨折が認められた（a～d）。左下顎角の骨融解も認められる（f）。

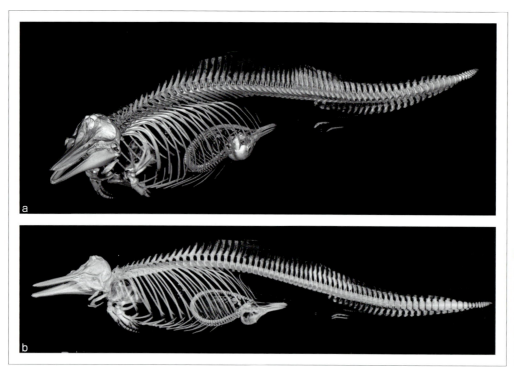

図12 妊娠
a：CT像（左側前方観）
b：CT（左側観）
サラワクイルカ、雌、ストランディング個体、年齢不明。腹部に胎仔の骨格が認められる。

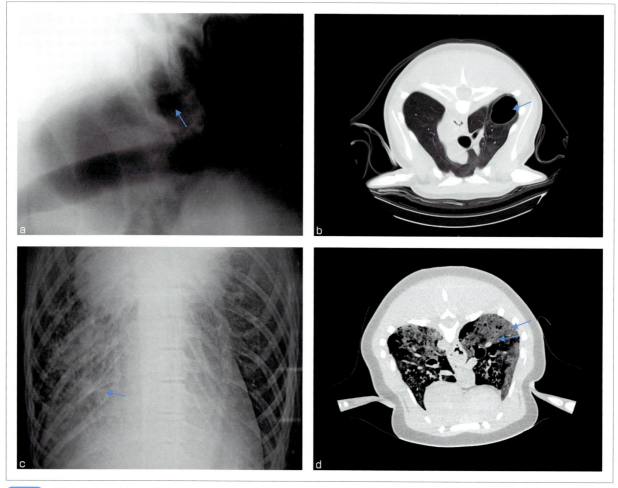

図13 肺炎
a：アスペルギルス感染症により肺に形成されたファンガスボールのX線像（ミナミバンドウイルカ、雌、19歳）、b：a症例のCT像、c：重度肺炎のX線像（シワハイルカ、雄、飼育歴6年）、d：c症例のCT像
CT検査ではX線検査に比べ多くの情報を得ることができる。矢印は病変を表す。

超音波検査

1990年代は国内で小型ハクジラの超音波診断を行った報告はみられなかった。装置が大型で防水加工されていなかったためプールサイドに持ち込めなかったこと、装置の取り扱い、診断方法などにやや熟練が必要だったことなどが理由である。しかし装置の小型化、保定技術の向上や解剖学的知見の蓄積により、これらの問題は解消されてきている。近年では装置を防水ケースに入れることで、水中の動物の観察までできるようになった(図14)。

妊娠個体に対しては、人工授精に備えた妊娠前の卵巣の状態の把握、初期の妊娠確定、胎仔の成育状態の観察(図15)、胎仔の心血流の把握など一部の出生前診断も可能である。そのほか、腎臓(図16a)、肝臓(図16b)、眼球、心臓、腸(図16c)、胃などの観察にも用いることができる。使用するプローブは、種や部位にあわせて3.5 MHzと7.5 MHzを使い分けるとよい。とくに3.5 MHzコンベックスタイプのプローブは、多くの臓器の初期診断に有効である。

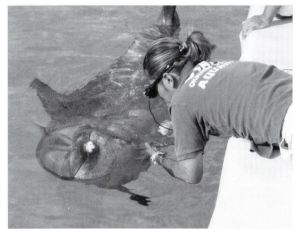

図14 バンドウイルカの超音波検査の様子
機器の進歩により水中の動物の検査も可能になった。検査個体は受診動作訓練により保定なしで検査を受けている。

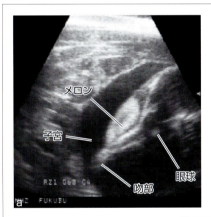 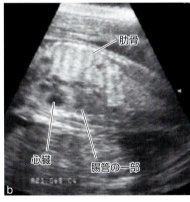 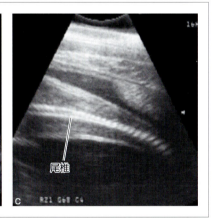

図15 ミナミバンドウイルカの胎仔の超音波像
a：子宮内での胎仔の頭部、b：胸部と腹部、c：尾部

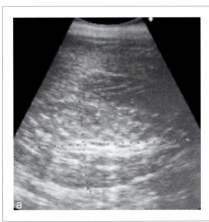 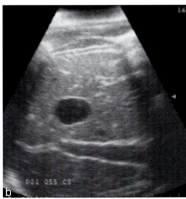 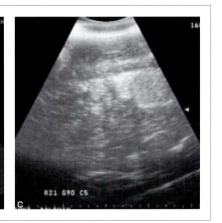

図16 腹部臓器の超音波像
a：腎臓、b：肝臓、c：腸管

内視鏡検査

小型ハクジラでも検査や治療のために内視鏡を必要とする場面は多い。

小型ハクジラの上部消化器官は、口腔から咽頭、食道上部、食道下部、前胃（第一胃）、主胃（第二胃）、幽門胃（第三胃）とつながり、種や個体の大きさの違いによって各部の湾曲の程度や幽門の位置が異なっている。内視鏡検査では、咽頭、食道、前胃、主胃の観察が可能である。

1. 器具

小型ハクジラ用の内視鏡は開発されているが種類が少ないため、既存のものをうまく工夫して用いる。体長が2～3mの種（ミナミバンドウイルカ、バンドウイルカ、カマイルカなど）には、全長2200 mm、挿入プローブ外径11.2 mm、鉗子チャンネル内径2.8 mmで、ファイバー先端の湾曲上下角度が180度、左右角度が160度の電子内視鏡が使用しやすい。オキゴンドウなど体長が3mを超える種には、全長3000 mm、挿入プローブ外径8.6 mm、鉗子チャンネル内径2.8 mmで、ファイバー先端の湾曲上下角度が210度もしくは90度、左右角度が100度の電子内視鏡を改良し、挿入プローブ外径を11.2 mmにしたものを使用する。内視鏡径が細いと、主胃への反転の際に腰が弱くなり手技が困難になる。これはチャンネル数の増加により改善できる。

2. 手技

検査前は、緊急時をのぞいて12時間以上絶食させる。バンドウイルカとカマイルカでは、プールを落水するか、クレーンにてプール外に搬出したあと、専用の担架に載せて浸水スポンジとタオルで体表を覆い、ベルトで保定する（図17a）。この保定法では1回の内視鏡挿入につき5～20分の観察が可能で、3～5回繰り返し実施できる。ミナミバンドウイルカとオキゴンドウでは、事前に10日前後の疑似訓練を行うことで、短時間ではあるが無保定で検査が可能である。訓

図17 内視鏡検査の様子
a：保定下での検査、b：立位での検査、c：ランディングでの検査
陸上で保定し検査するが、訓練により無保定での検査が可能となる種もいる。

練には内視鏡プローブに見立てたホースや不要になった内視鏡プローブを用いる。訓練が完成すると、水中で立位の状態で静止させる（図17b）、あるいはショーステージにランディングさせ（図17c）、無保定で検査できるようになる。検査時間は、1回の挿入につき水中立位で10分、ランディングで5分である。食道から前胃、主胃開口部の観察のほかに餌料の消化速度の観察が可能である。

検査は内視鏡を操作し観察する検査者と内視鏡を挿入する助手との2名で行う。助手は被検動物の飼育担当者があたり、動物の状態により中止の合図を出す。内視鏡検査保護用のバイトブロックを吻部に装着し、バイトブロック中央の挿入孔よりプローブを挿入する。野外で検査する際にモニターがみえにくい場合は、検査者は眼鏡型モニターを使用することもある。

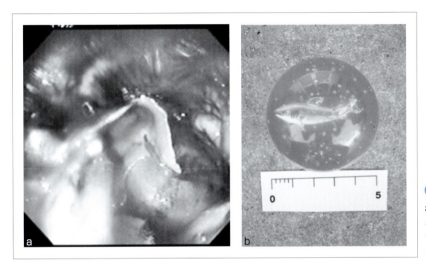

図18　内視鏡による消化管内異物の摘出
a：内視鏡像、b：摘出したスーパーボール
バンドウイルカ、雌、29歳。来園者が誤ってプールに落としたスーパーボールを除去した。

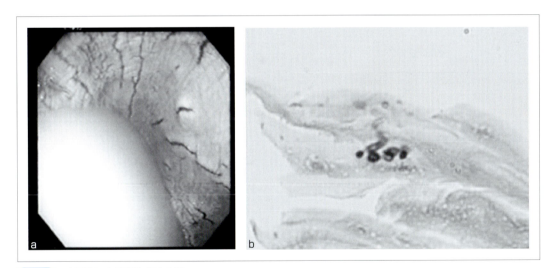

図19　内視鏡による消化管内生検
a：内視鏡像、b：生検部位の組織像
ミナミバンドウイルカ、雌、7歳。前胃内の病変に対し内視鏡下生検を行い、カンジダ症と診断された。

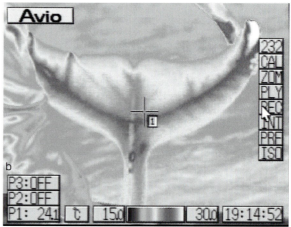

図20 サーモグラフィー
a：撮影装置、b：尾鰭のサーモグラフィー
オキゴンドウ、雌、飼育歴35年の尾鰭のサーモグラフィー。血行がひとめでわかる。

その他の検査

近年はサーモグラフィー（図20a）を用いた血行状態の検査も力を発揮している。とくに背鰭や尾鰭の感染における患部の状態評価や、悪性腫瘍周辺の血流評価などに有用で、これによって手術（切除）範囲などを決定することができる（図20b）。

コラム：受診動作訓練

小型ハクジラの健康管理のためには、採血、採尿、呼気採取や体温測定などを日常的に行う必要がある。そのほか、異常があれば画像検査、胃内容液採取や胃洗浄、輸液などさまざまな処置が求められる。しかし、クジラは水中で生活しておりかつ大型の動物であるため、イヌやネコのような保定が難しく、検査や治療を実施する際には受診動作訓練が必須となる。受診動作訓練とは、検査・治療器具に類似した道具を用いて検査や治療に際して動物にとって欲しい動作を教え、その動作に慣れさせることである。具体的な訓練内容や訓練期間は対象動物によって、また実施したい手技によって異なるため（表）、新たな医療技術を導入する際には、それに見合った新たな受診動作訓練が必要となる。

表 各動作の訓練にかかる期間

種目	侵襲性	訓練期間（日）
呼気採取	−	14〜30
体温測定	＋	14〜30
排尿	−	14〜60
採血	＋＋	30〜90
静脈注射	＋＋	60〜120
内視鏡検査	＋	60〜90
超音波検査	−	14〜30
保定器具へのランディング	−	14〜30

索引

【欧文】

air sinus system ………………………………… 16、33
basicranium ……………………………… 36、38、40、61
dorsal bursae ………………………………………… 104
fovea epitubaria ……………………………………… 40
intertemporal constriction ………………………… 31、101
mesorostral groove …………………… 30、48、50、57、61
metapophysis ………………………………………… 82
MLDB …………………………… 104、107、109、110、111
MLDB仮説 …………………………………………… 104
monkey lips(phonic lips) ………………………… 104
S字状突起 …………………………… 40、44、97、103
V字骨 ……………………………………… 14、82、92

【あ行】

アカボウクジラ ……………………………………… 47
アカボウクジラ科 … 32、42、48、56、62、64、66、72、84、87、128
頭の骨 …………………………………… 13、14、30
アブミ骨 ……………………………………………… 40
アマゾンカワイルカ …………………………………… 66
鞍関節 …………………………………………………… 21
イシイルカ ……………………………………… 38、109
一軸性の関節 …………………………………………… 21
イッカク ……………………………………… 66、80
イッカク科 ……………………………………… 38、48、52
イロワケイルカ ………………………… 107、109、111
烏口突起 ……………………………………………… 88
烏口板 ………………………………………………… 87
畝 ……………………………………………………… 68
エコーロケーション ……………… 34、64、99、104、111
エティオケタス ………………………………… 100、101
円錐突起 ……………………………………………… 44
オウギハクジラ ……………………………………… 92
横口蓋ひだ …………………………………………… 68
横突起 ………………………………………… 78、82、84
横突孔 ………………………………………………… 78
横突肋骨窩 …………………………………………… 82
横稜 …………………………………………………… 42
オガワコマッコウ ……………………………… 70、92
オキゴンドウ …………………………… 76、84、133、144
オトガイ孔 …………………………………………… 64
音響インピーダンス …………………… 104、107、111
音響脂肪 ……………………………………… 104、107、111
音響窓 ……………………………………… 64、104、110

【か行】

外環状層板 …………………………………………… 19
外後頭骨 …………………………………………… 36、52
外篩骨 ……………………………………… 30、56、58
外唇 ……………………………………… 40、44、103、110
外側塊 ……………………………………… 56、58、78
外側後方隆起 ………………………………………… 44
外頭蓋底 …………… 31、32、34、36、38、48、50、54、60
介在層板 ……………………………………………… 19
海綿骨 ………………………………………… 18、19
下顎窩 ………………………………………………… 52
下顎角 ………………………………………………… 64
下顎孔 ………………………………………………… 64
下顎骨 ……………………………………… 30、52、64
下顎神経 ……………………………………… 38、110
蝸牛小管 ……………………………………………… 42
蝸牛窓 ………………………………………………… 42
蝸牛部 ………………………………………………… 42
顎間骨(切歯骨、前顎骨、前上顎骨) …… 30、32、34、48、50
角舌骨 ………………………………………………… 46
顆状関節 ……………………………………………… 21
下前庭(管) ………………………………………… 107
カツオブシムシ法 ………………………………… 116
滑膜 …………………………………………………… 20
滑膜性の連結 ………………………………………… 20
加熱法 ……………………………………………… 116
カバー ……………………………………………… 104
カマイルカ ………………………………… 109、111、144
カマイルカ属 ……………………………………… 111
"カワイルカ類" ……………………………… 64、80
カワゴンドウ ………………………………………… 80
眼窩下孔 ……………………………… 30、38、48、50、101
眼窩下板 ……………………………………………… 50
眼窩後突起 …………………………………………… 31、38
眼窩上突起 …………………………… 31、38、54、63
眼窩前切痕 …………………………… 30、48、50、110
眼窩蝶形骨 …………………………… 16、30、38、60
眼窩裂 ………………………………………………… 38
含気骨 ………………………………………………… 18
寛骨 ……………………………………………… 14、92
間鎖骨 ………………………………………………… 87

項目	ページ
ガンジスカワイルカ	52、66
干渉型消音	111
関節	20
関節突起	64
環椎	52、78、80
環椎横靱帯	78
環椎後頭顆関節	78、80
顔面骨	13
顔面神経	104、110、111
顔面神経管	42、110
顔面神経麻痺	111
顔面頭蓋	13
キヌタ骨	40、103
吸引摂餌	46
球関節	21
胸郭	14、84、87、88
頬骨	30、38、62
胸骨	84、87
胸骨体	87
胸骨帯	87
頬骨突起	31、35、36、38、52、60、63、64
胸骨柄	87
頬歯	100
胸椎	14、76、82、84
棘上窩	88
棘突起	78、82
距骨	94、103
筋突起	64
偶蹄目（偶蹄類）	10、42、56、58、94、103
鯨偶蹄目	10
クジラ目	10、31
クッション	111
クロミンククジラ	68
脛骨	92、94
茎状舌骨	46、47
頸椎	14、76、78、80、82
頸肋骨	84
血管弓	82
血管突起	82
肩甲骨	88
原始クジラ（ムカシクジラ、原鯨）	58、64、66、68、96
肩峰	88
口蓋骨	16、30、34、38、48、50
口蓋舌筋	68
後関節窩	78
後関節突起	78
後関節面	78
口腔	16
後口蓋孔	35、38
後肢骨	14、92
高周波狭帯域クリックス	111
甲状舌骨	46、47
酵素法	116
広帯域クリックス	111
後椎切痕	78
喉頭	46、104
喉頭音源仮説	104
後頭顆	38、52、78、80
後頭骨	16、30、32、52、54
外後頭骨	36、52
上後頭骨	52、54
底後頭骨	16、32、36、38、52、56、61
後突起	40、42、44
後鼻孔	16、35、38、50、56
コククジラ	50、54、68、84
コククジラ科	30、42、64
鼓室蓋	42
鼓室舌骨	46
鼓室胞（耳包骨）	31、40、42、44、97、103、104、110
漉しとり型	68
コセミクジラ科	30、42、64
骨芽細胞	20
骨形成層	20
骨細管	19
骨小腔	19
骨折	141
骨層板	19
骨単位	19
骨端線	78
骨端板	78
骨内膜	20
骨盤	14、92
骨鼻口	30、32、34、50、56、60、101
骨鼻中隔	16、32、56
骨標本	114
骨膜	20
骨梁	18
コブハクジラ	18、72
コマッコウ	62、64、70、92
コマッコウ科	30、32、38、70、111、130
コンピュータ断層撮影	138

【さ行】

項目	ページ
鎖骨	14、87、88
坐骨	92
鎖骨切痕	87
ザトウクジラ	61
サーモグラフィー	146
三叉神経	38、104、110
軸椎	78、80

索引

篩骨 ································· 16、30、52、54、56、58
 外篩骨 ···································· 30、56、58
 篩板 ································· 16、30、56、58
 中篩骨 ·· 56
指骨 ·· 11、14、90
篩骨孔 ·· 38
耳周骨 ······················· 31、40、42、103、104、110
歯周病 ·· 137
耳小骨 ···································· 40、42、103
 アブミ骨 ····································· 40、103
 キヌタ骨 ····································· 40、103
 ツチ骨 ··································· 40、44、103
視神経管 ··· 38
始新世 ··· 97
歯髄炎 ·· 137
歯槽孔 ··· 50
歯突起 ··· 78、80
歯突起窩 ··· 78
篩板 ································· 16、30、56、58
耳包骨(鼓室胞) ·············· 31、40、44、97、103、104、110
尺側骨 ··· 90
車軸関節 ··· 21
シャチ ·· 64、76、84
尺骨 ·· 14、90
シャーピー線維 ······································ 18
収斂 ·· 11
手根骨 ·· 14、90
受診動作訓練 ·· 146
上顎孔(腹側眼窩下孔) ···························· 38、48
上顎骨 ·· 16、30、32、34、38、48、50、52、54、62、64、99、
 101、104、107、110
上顎鼻唇筋 ··· 107
 後外側部 ·· 107
 前外側部 ·· 107
 中間部 ·· 107
上関節窩 ··· 78
上後頭骨 ·· 52、54
上行突起 ····································· 48、99、101
上舌骨 ··· 46
上前庭野 ··· 42
上腕骨 ·· 14、90
上腕骨頭 ·· 14、90
鋤骨 ······················· 30、36、38、48、50、52、54、56、61
シロイルカ ····································· 64、80
シロナガスクジラ ···································· 64
神経弓(椎弓) ···································· 78、82
神経頭蓋 ······························ 13、32、34、36、52
新鯨類 ··· 96
針状部 ··· 62
靭帯 ·· 20

靭帯結合 ··· 20
水中放置法 ··· 115
スクアロドン科 ····································· 101
スジイルカ ···································· 76、84、92
ストランディング ······························· 30、111
スナメリ ··· 46、64
正円孔 ··· 38
声帯 ··· 104
生物使用法 ··· 116
脊柱 ·· 14、76
脊柱管 ··· 78
舌骨 ·· 30、46、47
 角舌骨 ··· 46
 茎状舌骨 ····································· 46、47
 甲状舌骨 ··· 46
 鼓室舌骨 ····································· 46、47
 上舌骨 ··································· 44、46、47
 底舌骨 ······································ 46、47
切歯骨(顎間骨、前顎骨、前上顎骨) ····· 30、32、34、48、50
セッパリイルカ属 ·································· 111
セミクジラ ····································· 68、80
セミクジラ科 ································· 30、42、64
セメント基質 ··· 19
線維性の連結 ··· 20
線維軟骨結合 ··· 20
前顎骨(顎間骨、切歯骨、前上顎骨) ····· 30、32、34、48、50
前関節窩 ·· 78、80
前関節突起 ·· 78
前関節面 ··· 78
前肢骨 ·· 14、88
前上顎骨(前顎骨、切歯骨、顎間骨) ····· 30、32、34、48、50
前上顎骨孔 ····································· 48、50
前上顎嚢 ······································ 107、109
前上顎嚢窩 ··· 107
漸新世 ·· 100
前蝶形骨 ····················· 16、30、36、38、56、58、60
前椎切痕 ··· 78
前庭水管 ··· 42
前庭窓 ·· 40、42
前庭嚢 ·· 107、111
前頭骨 ·· 16、30、32、34、38、48、50、52、54、56、60、63、
 99
前突起 ··· 42
相似 ··· 103
相同 ··· 103
側頭窩 ···························· 31、32、52、54、61、64
足根骨 ··· 92

【た行】

体幹 ·· 12、14、76

大気中放置法	114
大口蓋孔	38、48
大腿骨	14、92、94
体内異物	137
楕円関節	21
楕円孔	44
多軸性の関節	21
多指骨化	90
タスマニアクチバシクジラ	66、72
単関節	21
単孔	42
短骨	18
単根歯	100
恥骨	92
緻密骨	18
中間骨	90
中篩骨	56
中手骨	90
中足骨	92
肘頭	90
長期間放置法	114
超音波検査	143
蝶形骨	30、38、52、54、60
眼窩蝶形骨	16、30、38、60
前蝶形骨	16、30、36、38、56、58、60
底蝶形骨	16、30、32、36、38、56、60
翼蝶形骨	16、30、32、36、38、60
蝶口蓋孔	35、38
長骨	18
腸骨	92
蝶番関節	21
椎間円板	82
椎間孔	78
椎弓（神経弓）	78、82
椎弓根	78
椎弓板	78
椎孔	78
椎骨	76
椎体	78、82
ツチ骨	40、44、103
底後頭骨	16、32、36、38、52、56、61
底後頭骨稜	38
釘植	20
底舌骨	46、47
底蝶形骨	16、30、32、36、38、56、60
テチス海	96
頭蓋	13
頭蓋腔（脳腔）	16
頭蓋骨	13
頭蓋頂部	32、54、58、72
頭蓋底	36
外頭蓋底	31、32、36、38、48、54、60
内頭蓋底	36、61
橈骨	90
橈側骨	90
頭頂間骨	30、52、54
頭頂骨	16、30、32、34、36、38、52、54、60
土中放置法	114
ドルドン	99

【な行】

内環状層板	19
内視鏡検査	144
内唇	44、103
内臓頭蓋	13、32、34、36、52
内側後方隆起	44
内頭蓋底	36、61
ナガスクジラ科	30、34、42、54、64、68、92
軟骨結合	20
軟骨性の連結	20
二軸性の関節	21
二重滑車	103
ニタリクジラ	92
二頭肋骨	84
乳頭突起	82
ネズミイルカ	46
ネズミイルカ科	32、38、48、66、84、107、109、111
脳函	31、42、52、54
脳腔（頭蓋腔）	16
飲み込み型	68

【は行】

歯	66
肺炎	142
背弓	78
背結節	78
ハヴァース管	19
ハヴァース系	19
パキケタス	11、44、96、97
パキケタス科	97
ハクジラ	11、96、99
破骨細胞	20
ハシナガイルカ	121
バシロサウルス	98
バシロサウルス・イシス	94
バシロサウルス科	96、97
ハナゴンドウ	109
ハラジロカツオブシムシ	116
ハラジロカマイルカ	111
反回神経麻痺	111

バンドウイルカ（ハンドウイルカ）……46、76、82、84、87、88、90、94、111
パンボーン……64、104、110
鼻腔……16
ヒゲ板……11、34、50、68、99
ヒゲクジラ……11、34、96、99
腓骨……92
鼻骨……30、32、34、48、50、54、58
鼻栓音源仮説……104
鼻栓筋……107
鼻前頭嚢……107、109
鼻道……34、48、50、56、104、107
鼻嚢……107
　前上顎嚢……107、109
　前庭嚢……107、111
　鼻前頭嚢……107、109
ヒレナガゴンドウ……90
フォルクマン管……19
不規則形骨……18
複関節……21
腹弓……78
腹結節……78
副咬頭……100
副小骨……40、44
腹側眼窩下孔（上顎孔）……38、48
副鼻腔……16
腹鼻甲介骨……30
浮遊肋……84
プロトケタス科……97
吻……16、30、32、48、50、64、72
吻側筋……107
平面関節……21
ヘルペスウイルス……111
扁平骨……18
縫合……20
旁後頭突起……36、46
掘り起こし型……68

【ま行】

マイルカ……48、57、88
マイルカ科……48、62、66、84、87、104、109、111、121
マイルカ上科……38、49、60
マダライルカ……92、121
マッコウクジラ……30、47、62、64、66、80、84
マッコウクジラ科……32、48
マッコウクジラ上科……32、58
ミナミカマイルカ……111
ミンククジラ……14、30、35、50、51、58、64、92、126
胸鰭……14、90
ムカシクジラ（原始クジラ、原鯨）……58、64、66、68、96
メロン……99、104

【や行】

薬品使用法……116
有鉤骨……90
有頭骨……90
腰椎……14、76、82、92
翼状骨……30、36、38、48、50、52、54、60、72
翼状骨洞窩……50
翼蝶形骨……16、30、32、36、38、60

【ら行】

ラセン孔列……42
ラプラタカワイルカ……32
ラプラタカワイルカ科……111
卵円孔……38
隆起間切痕……44
鱗状骨……16、30、32、36、38、52、54、60、64
涙骨……30、38、48、62
肋間骨……13、84、87
肋骨……84、87、88
肋骨窩……82、84
肋骨結節……81
肋骨切痕……87
肋骨頭……84

	げいるい こつがく
	鯨類の骨学

2019年2月10日　第1刷発行

著　　者	植草康浩・一島啓人・伊藤春香・植田啓一
発 行 者	森田　猛
発 行 所	株式会社 緑書房
	〒 103-0004
	東京都中央区東日本橋3丁目4番14号
	TEL 03-6833-0560
	http://www.pet-honpo.com
編　　集	名古孟大、出川藍子
カバーデザイン	アクア
印 刷 所	アイワード

Ⓒ Yasuhiro Uekusa, Hiroto Ichishima, Haruka Ito, Keiichi Ueda
ISBN978-4-89531-365-0　Printed in Japan
落丁、乱丁本は弊社送料負担にてお取り替えいたします。
本書の複写にかかる複製、上映、譲渡、公衆送信(送信可能化を含む)の各権利は株式会社緑書房が管理の委託を受けています。

[JCOPY]〈(一社)出版者著作権管理機構　委託出版物〉
本書を無断で複写複製(電子化を含む)することは、著作権法上での例外を除き、禁じられています。
本書を複写される場合は、そのつど事前に、(一社)出版者著作権管理機構(電話 03-5244-5088、FAX03-5244-5089、e-mail：info@jcopy.or.jp)の許諾を得てください。
また本書を代行業者等の第三者に依頼してスキャンやデジタル化することは、たとえ個人や家庭内の利用であっても一切認められておりません。